D1617691

Gottfried Schatz

Jenseits der Gene

Gottfried Schatz

Jenseits der Gene

Essays über unser Wesen, unsere Welt und unsere Träume

WILEY-VCH Verlag GmbH & Co. KGaA

Für Heimo

Bibliografische Information der Deutschen Nationalbibliothek
Die Deutsche Nationalbibliothek verzeichnet diese Publikation
in der Deutschen Nationalbibliografie; detaillierte bibliografische Daten
sind im Internet über http://dnb.d-nb.de abrufbar.

4. Auflage 2012

Gestaltung Umschlag: GYSIN [Konzept + Gestaltung], Chur
Gestaltung, Satz: Claudia Wild, Konstanz
Druck, Einband: Kösel GmbH, Altusried-Krugzell

Lizenzausgabe für alle Länder ausser der Schweiz:
Wiley-VCH Verlag GmbH & Co. KGaA,
Boschstrasse 12, D-69469 Weinheim

ISBN 978-3-527-33341-7

www.wiley-vch.de

Inhalt

Bedrohliche Gäste

Das Wunderbare an uns Menschen ist, dass wir zwei Vererbungssysteme besitzen – ein chemisches und ein kulturelles. Das chemische System gründet sich auf DNS-Fadenmoleküle und andere Teile unserer Zellen und bestimmt, was wir sein können. Das kulturelle System besteht aus der Zwiesprache zwischen den Generationen und bestimmt, was wir dann werden. Unser chemisches System erhebt uns kaum über andere Tiere, doch unser kulturelles System ist in der Natur ohne Beispiel. Seine formende Kraft schenkt uns Sprache, Kunst, Wissenschaft und sittliche Verantwortung. Beide Vererbungssysteme tragen Wissen mit hoher Verlässlichkeit von einer Generation zur andern, machen jedoch gelegentlich Fehler. Übermittlungsfehler – sogenannte Mutationen – im chemischen System verändern unseren Körper und solche im kulturellen System unser Verhalten. Langfristig schützen uns diese Fehler vor biologischer und kultureller Erstarrung, doch kurzfristig können sie in Katastrophen münden. Im frühen Mittelalter bewirkte die Tay-Sachs-Mutation im chemischen System eines osteuropäischen Aschkenasen, dass dessen Gehirn verkümmerte und vielen seiner heutigen Nachkommen das gleiche Schicksal droht. Und das 20. Jahrhundert hat uns wieder einmal daran erinnert, welche Grauen kulturelle Mutationen bewirken können.

Welches dieser beiden Vererbungssysteme ist dafür verantwortlich, dass Menschen verschiedener Kulturen so unterschiedlich denken und handeln? Vielleicht ist es manchmal keines der beiden, sondern ein Parasit, der sich unseres Gehirns bemächtigt.

Dass Parasiten das Verhalten von Tieren verändern können, ist eindeutig erwiesen. Wenn gewisse Fadenwürmer landbewohnende Heuschrecken oder Grillen infizieren, scheiden sie Eiweisse und andere nervenaktive Stoffe aus, die den Schweresinn und wahrscheinlich auch andere Gehirnfunktionen des Insekts verändern. Sobald der Fadenwurm im Insekt seine volle Grösse und seine Geschlechtsreife erreicht hat, verliert das Insekt seine Scheu vor Wasser, stürzt sich selbstmörderisch in den nächsten Wassertümpel und entlässt in seinem Todeskampf den fast dreimal längeren Fadenwurm. Dieser schwimmt sofort davon, um sich einen Paarungspartner zu suchen. Und wenn Larven eines Saugwurms den im Pazifik lebenden Killifisch infizieren, wirft dieser seine angeborene Vorsicht über Bord und macht durch wilde Kapriolen und Körperverdrehungen an der Meeresoberfläche Raubvögel auf sich aufmerksam. Diese fressen deshalb im Durchschnitt etwa dreissigmal mehr infizierte als gesunde Fische. Der biologische Sinn dieser Gehirnwäsche gründet im Lebenszyklus des Saugwurms, der drei verschiedene Wirte benötigt. Der Wurm bildet seine Eier im Darm von Vögeln, welche die Eier in Salzsümpfe an der kalifornischen Pazifikküste ausscheiden. Dort frisst sie eine Schnecke, in der sie sich zu Larven entwickeln. Die Larven infizieren einen Killifisch und kehren schliesslich mit diesem in einen Vogeldarm zurück.

Noch eindrücklichere Beispiele liefern intelligente Säugetiere wie Mäuse und Ratten. Wenn der einzellige Parasit *Toxoplasma gondii* diese infiziert, nistet er sich bevorzugt in die Gehirnregionen ein, welche Emotionen und Furcht steuern. Als Folge davon verkehrt sich die angeborene Furcht der Nager vor Katzenduft in ihr Gegenteil: Sie wird zur tödlichen Vorliebe. Dies erhöht natürlich die Chance, dass die infizierten Tiere einer Katze zum Opfer fallen – und der Parasit in eine Katze zurückkehren kann.

Toxoplasma gondii kann nämlich nur im Darm von Katzenarten eierähnliche Oozysten bilden, die dann in einen warmblütigen Zwischenwirt – zum Beispiel eine Ratte – gelangen müssen. Der Parasit verändert das Verhalten von Mäusen und Ratten sehr gezielt, denn er lässt deren angeborene Furcht vor offenen Flächen oder unbekannter Nahrung unverändert.

Auch wir können für *Toxoplasma gondii* Zwischenwirt sein – und Milliarden von uns sind es auch, weil wir mit Oozysten verseuchtes ungewaschenes Gemüse oder rohes Fleisch verzehren oder nicht bedenken, dass auch die putzige Hauskatze uns die Oozysten schenken kann. In Grossbritannien fanden sich vor einigen Jahren in fast vierzig Prozent aller angebotenen Fleischprodukte *Toxoplasma-gondii*-Gene, und dieser Prozentsatz dürfte in vielen ärmeren Ländern noch höher sein. So verwundert es nicht, dass etwa ein Drittel aller Nordamerikaner und fast die Hälfte aller Schweizer in ihrem Blut Antikörper gegen den Parasiten tragen – ein untrügliches Zeichen dafür, dass sie einmal infiziert waren oder es noch immer sind. Viele Infektionen werden nämlich nicht erkannt und bleiben für den Rest des Lebens bestehen, ohne auffallende Schäden anzurichten. Bei Schwangeren, die gegen den Parasiten noch nicht immun sind, kann eine Infektion allerdings die Missbildung oder den Tod des Embryos verursachen – und bei einigen Menschen vielleicht sogar Schizophrenie auslösen. Tatsächlich sind einige gegen Schizophrenie eingesetzte Medikamente auch gegen *Toxoplasma gondii* wirksam. Eine Infektion von uns Menschen bietet dem Parasiten heute allerdings keine erkenntlichen Vorteile, da wir nur noch selten Raubkatzen zum Opfer fallen. Dennoch sprechen vorläufige Befunde dafür, dass Toxoplasma auch unsere Psyche subtil verändern kann: Es scheint Frauen oft intelligenter und unabhängiger, Männer dagegen eifersüchtiger, konservativer und gruppenhöriger zu machen. Bei beiden Geschlechtern erhöht es die Neigung zu Schuldbewusstsein, was manche Psychologen als negative emotionale Grundhaltung deuten.

Haben Parasiten den Charakter menschlicher Kulturen mitgeprägt? Wenn *Toxoplasma gondii* Männer tatsächlich traditionsbewusster und gruppentreuer macht, könnte es vielleicht dafür mitverantwortlich sein, dass manche Kulturen mehr als andere die herkömmlichen Geschlechterrollen hartnäckig verteidigen oder Ehrgeiz und materiellen Erfolg über Gemütstiefe und menschliche Beziehungen stellen. Und könnte es sein, dass verringerte Offenheit gegenüber Neuem die Innovationskraft ganzer

Kulturen geschwächt hat? Ausführliche Befragungen in neununddreissig Staaten sprechen in der Tat dafür, dass die negative emotionale Grundhaltung einer Bevölkerung umso ausgeprägter ist, je stärker diese mit *Toxoplasma gondii* infiziert ist. Natürlich lässt es sich nicht ausschliessen, dass kulturelle Eigenheiten nicht Folge, sondern Ursache der Infektion sind. Vieles spricht jedoch gegen diese Möglichkeit, sodass Untersuchungen zur Rolle von Parasiten bei der Entwicklung menschlicher Kulturen noch einige Überraschungen liefern könnten.

Die Vorstellung, dass Parasiten mein Denken und Handeln mitbestimmen könnten, verletzt mein Selbstverständnis und mein Menschenbild. Darf ich das Lied *Die Gedanken sind frei* immer noch mit der gleichen Überzeugung singen, wie ich es als Kind tat? Oder sollte ich versuchen, meine wissenschaftliche Sicht zu überwinden und die Natur als Ganzes zu fühlen, wie Künstler und Mystiker dies vermögen? Aus dieser Sicht wären gedankenverändernde Parasiten nur ein besonders grossartiges Beispiel für die Einheit des Lebensnetzes auf unserem blauen Planeten. Unser Verstand schenkt uns ja auch die Waffen, um solche Parasiten zu erkennen und zu vernichten. Doch wer schützt uns vor den substanzlosen Parasiten, die sich unserer Gedanken und

Emotionen bemächtigen? Es gibt ihrer zuhauf – Rassenwahn, religiöser Fanatismus, Nationalhysterie, Spiritismus und Aberglaube. Sie sind hochinfektiös und entmenschlichen uns mehr, als es *Toxoplasma gondii* je vermöchte. Solange wir nicht gelernt haben, diese unheimlichen Gäste rechtzeitig zu erkennen und wirksam zu bekämpfen, sind sie unsere grösste Bedrohung.

Klang der Stille

Mir ist die Stille abhandengekommen. Sie verschwand unbemerkt vor einigen Jahren und hinterliess in meinen Ohren ein sanftes Zirpen, das in lautlosen Nachtstunden Erinnerungen an schläfrige Sommerwiesen meiner Kindheit weckt – und mich an das Wunder meines Hörsinns erinnert.

Meine Ohren messen Luftdruckschwankungen und melden diese als elektrische Signale meinem Gehirn. Keiner meiner Sinne ist schneller. Augen können höchstens zwanzig Bilder pro Sekunde unterscheiden – Ohren reagieren bis zu tausendmal rascher. So erschliessen sie uns das Zauberreich der Klänge von den schimmernden Obertönen einer Violine, die etwa zwanzigtausendmal pro Sekunde schwingen, bis hinunter zum profunden Orgelbass mit fünfzehn Schwingungen pro Sekunde. Keiner meiner Sinne ist präziser. Ich kann Töne unterscheiden, deren Schwingungsfrequenzen um weniger als

0,05 Prozent auseinanderliegen. Und keiner meiner Sinne ist empfindlicher, denn mein Gehör reagiert auf schallbedingte Vibrationen, die kleiner als der Durchmesser eines Atoms sind. Da meine zwei Ohren nicht nur die Stärke eines Schalls, sondern auch sein zeitliches Eintreffen mit fast unheimlicher Präzision untereinander vergleichen, sagen sie mir, woher ein Schall kommt, und schenken mir selbst im Dunkeln ein räumliches Bild der Umgebung. Und dabei sind meine Ohren Stümper gegen die einer Eule, die eine raschelnde Maus in völliger Dunkelheit und aus grosser Entfernung mit tödlicher Präzision orten kann.

Das Organ, das diese Wunderleistungen vollbringt, ist kaum grösser als eine Murmel und lagert sicher in meinem Schläfenbein. Sein Herzstück ist ein mit Flüssigkeit gefüllter spiraliger Kanal, dem zwei elastische Bänder als Boden und Decke dienen. Am Bodenband sind wie auf einer Wendeltreppe etwa zehntausend schallempfindliche Zellen stufenartig aufgereiht. Wie Rasierpinsel tragen sie an ihrer Oberseite feine Haare, deren Spitzen das elastische Deckenband berühren. Diese Wendeltreppe ist vom Mittelohr durch eine feine Membran getrennt, die Luftschwingungen auf die Flüssigkeit und die beiden elastischen Bänder überträgt und dabei die Haarspitzen der schallempfindlichen Zellen verbiegt. Selbst die winzigste Verformung dieser Spitzen ändert die elektrischen Eigenschaften der betreffenden Zelle und erzeugt ein elektrisches Signal, das über angekoppelte Nervenbahnen fast augenblicklich die Gehörzentren des Gehirns erreicht. Jede Haarzelle unterscheidet sich wahrscheinlich von allen andern in der Länge ihrer Haare und der Steifheit ihres Zellkörpers. Da eine Struktur umso langsamer schwingt, je grösser und flexibler sie ist, sprechen die verschiedenen Haarzellen auf verschiedene Tonhöhen an. Die Ansprechbereiche der einzelnen Zellen überlappen jedoch; mein Ohr berücksichtigt diese Überlappungen und schenkt mir so ein differenziert-farbiges Klangbild.

Warum reagiert eine Haarzelle meiner Ohren so viel schneller als die Netzhaut meiner Augen? Wenn Licht die Netzhaut erregt, setzt es eine Kette relativ langsamer chemischer Reaktionen in Gang, die schliesslich in ein elektrisches Signal münden. Wenn dagegen ein Ton die Haarzellen verformt, öffnet er in den Membranen der Haarzellen Schleusen für elektrisch geladene Kalium- und Kalziumatome und erzeugt damit augenblicklich ein elektrisches Signal. Während unsere Augen also erst das Feuer unter einer Dampfmaschine entfachen müssen, die dann über einen Dynamo Strom erzeugt, schliessen unsere Ohren den Stromkreis einer bereits voll aufgeladenen Batterie.

Die Haarzellen unseres Gehörs sind hochverletzlich. Werden sie zu stark oder zu lange beschallt, sterben sie und wachsen nie mehr nach. Für die Entwicklung unserer menschlichen Spezies waren empfindliche Ohren offenbar wichtiger als robuste, denn mit Ausnahme von Donner, Wirbelstürmen und Wasserfällen sind extrem laute Geräusche eine «Errungenschaft» unserer technischen Zivilisation. Rockkonzerte, Düsenmotoren, Discos und Presslufthämmer bescheren uns immer mehr hörgeschädigte Menschen, die überlaute Musik bevorzugen und damit auch ihre Mitmenschen gefährden. Selbst ohne hohe Schallbelastung verliert unser Ohr mit dem Alter unweigerlich Haarzellen, vor allem solche für hohe Töne. Wie die meisten älteren Menschen kann ich deshalb Töne, die schneller als achttausendmal pro Sekunde schwingen, nicht mehr hören. Ich kann damit leben, doch für Konzertgeiger, die schnell schwingende Obertöne hören müssen, um in hohen Lagen rein zu spielen, kann es das Ende der Karriere bedeuten. Schwerhörigkeit und Taubheit sind für unsere Gesellschaft ein viel gewichtigeres und kostspieligeres Problem als Blindheit.

Die Qualität einer Sinnesempfindung hängt, wie die jedes Signals, vom Rauschabstand ab – dem Verhältnis von Signalstärke zu zufälligem Hintergrundrauschen. Ein gesundes Ohr kann Geräusche wahrnehmen, die über eine Million Mal schwächer sind als die lautesten, die wir gerade noch ertragen können. Dieser eindrückliche Rauschabstand schenkt uns nicht nur eine reiche Klangpalette, sondern lässt uns auch komplexe akustische Signale virtuos entschlüsseln. Hoher Rauschabstand ermöglicht Stille zur rechten Zeit – und lässt auch Stille zum Signal werden. Was wären die vier Anfangsschläge von Beethovens Fünfter Sinfonie ohne die darauffolgende Pause? Ist es nicht vor allem das dramatische Anhalten vor wichtigen Aussagen, das eine meisterhafte Rede kennzeichnet? Und Wittgensteins berühmte Mahnung «Wovon man nicht sprechen kann, darüber muss man schweigen» weckt in mir den Verdacht, dass vielleicht sogar Logik die Interpunktion präzise gesetzter Stille fordert.

Warum verweigert mein Gehör mir jetzt diese Stille? Senden einige meiner Hörnerven nach dem Tod ihrer Haarzellen-Partner Geistersignale ans Gehirn? Oder sind in meinen alternden Haarzellen die Membranschleusen für elektrisch geladene Teilchen nicht mehr dicht?

Die Zellen meines Körpers arbeiten deshalb so gut zusammen, weil sie nur die Gene anschalten, die sie für ihre besonderen Aufgaben jeweils brauchen. Meine Zellen wissen viel, sagen aber nur das Nötige. In einer typischen Zelle meines Körpers sind die meisten Gene still. Doch nun, da mein alternder Körper sie nicht mehr so fest wie früher im Griff hat, werden sie unruhig. Meine Haut bildet spontan braune Pigmentflecke, und auf meinen Ohrläppchen spriessen einige regelwidrige Haare. Wenn nur nicht ein Gen, welches das Wachstum meiner Zellen fördert, sein Schweigen zur falschen Zeit und am falschen Ort bricht und mir die Diagnose «Krebs» beschert! Genen bedeutet präzises Schweigen ebenso viel wie präzises Sprechen. Auch sie kennen den Wert der Stille.

Schicksalsfarben

«Der Schatz is ja net schlecht», brummte der Grazer Schulinspektor über meinen Kopf hinweg zu meinem Lehrer, «aber der Blondschädl da vurn, der wär scho besser.» Offenbar war ich ihm wegen meines braunen Haares nicht «germanisch» genug, um an einer öffentlichen Geburtstagsfeier für unseren (dunkelhaarigen) «Führer» Adolf Hitler ein Gedicht vorzutragen. Seither sind mehr als sechs Jahrzehnte verflossen, und meine brennende Scham von damals ist längst einem Zorn gewichen, der mich nie vergessen lässt, welch tiefe Wunden die willkürliche Wertung von Körpermerkmalen schlagen kann.

Nichts prägt unseren ersten Eindruck von einem normal entwickelten Menschen so entscheidend wie die Farbe seiner Haut. Menschengruppen unterscheiden sich zwar auch in vielen andern Erbanlagen, wie der Fähigkeit, bestimmte Gerüche auszusenden, Milchzucker zu verwerten oder der Malaria zu trotzen. Die Farbe der Haut ist jedoch schon von Weitem erkenntlich und, im Gegensatz zur Grösse oder Form des Körpers, meist allen Bewohnern einer Region gemeinsam. Weil wir Menschen gleicher Hautfarbe unbewusst als einheitliche Gruppe einstufen, hat Hautfarbe den Gang der menschlichen Geschichte wahrscheinlich tiefgreifender beeinflusst als Seuchen, Kriege und Religionen. Hautfarbe ist eine uralte Quelle, welche die übel riechenden Wasser des Rassismus speist und die selbst Denker der Aufklärung verwirrt und zu vorschnellen Urteilen verleitet hat.

Die Farbe unserer Haut ist unsere Schicksalsfarbe. Sie stammt hauptsächlich von Melaninen – einer Gruppe eng verwandter Farbstoffe, die von besonderen Zellen unserer Haut gebildet und dann an die andern Hautzellen und die Haare abgegeben werden. Auch die Regenbogenhaut unserer Augen besitzt Melanin bildende Zellen, doch diese behalten das Melanin für sich. Melanine sind meist schwarz bis braun; es gibt aber auch helle Melanine, die rot oder gelb sind. Dunkle Haare enthalten reichlich braunes oder schwarzes Melanin, blonde geringe Mengen von braunem Melanin und rote fast nur helles Melanin. Meine «grauen» Haare sind eine

Mischung aus Haaren, die entweder wenig schwarzes oder gar kein Melanin enthalten. Das Braun meiner Jugend wäre mir lieber, aber vielleicht wäre ich jetzt in den Augen unseres linientreuen Herrn Schulinspektors endlich ein rechter Germane.

Tiere setzen ihre Hautfarbe fast nur als Tarnung oder sexuelles Lockmittel ein. Uns Menschen dient sie hingegen vorwiegend als Schild gegen die Ultraviolettstrahlen der Sonne, da wir im Verlauf unserer Evolution die meisten schützenden Körperhaare verloren haben. Ultraviolettlicht schädigt vor allem unsere Erbsubstanz und verursacht auch Sonnenbrand, Wasserverlust, Infektionen und den gefürchteten schwarzen Hautkrebs. Je intensiver die Sonnenbestrahlung einer Region, desto dunkler ist gewöhnlich die Hautfarbe der Bewohner. Dunkle Haut besitzt zwar nur zwei- bis dreimal mehr dunkles Melanin als helle, ist aber hundertmal unempfindlicher gegen Sonnenbrand – und fast fünfhundertmal weniger anfällig für schwarzen Hautkrebs. Kein Wunder, dass die sengende Sonne in vielen Regionen der Erde es verhindert, dass die dortigen Bewohner ihre Erbanlagen für dunkle Haut verlieren. Als jedoch afrikanische Auswanderer vor etwa fünfundzwanzig- bis fünfzigtausend Jahren das sonnenarme Nordeuropa besiedelten, wurde ihre dunkle

Hautfarbe zur tödlichen Bedrohung: Sie verhinderte, dass Sonnenlicht in ihrem Körper das lebenswichtige Vitamin D bildete. Die Folge waren schwache und verkrümmte Knochen, Unfruchtbarkeit und erhöhte Infektionsgefahr. Die Natur eilte den Auswanderern aber schon bald zur Hilfe und schaltete deren Erbanlagen für dunkle Haut und schwarze Haare ab. So konnte sie dann gefahrlos nach Lust und Laune experimentieren und Menschen mit heller oder rötlicher Haut und aschfarbenen, blonden, hellbraunen oder roten Haaren hervorzaubern.

Eine Maus steuert ihre Haarfarbe über mindestens hundertfünfundzwanzig Gene. Dies gilt wahrscheinlich auch für uns Menschen, doch bisher haben wir nur ein einziges «Farbgen» genau untersucht. Es bestimmt, ob wir vorwiegend dunkles oder helles Melanin bilden. Unsere Körperzellen besitzen zwei Kopien dieses Farbgens – eine von der Mutter und eine vom Vater. Wenn beide Kopien intakt sind, bilden wir mehr dunkles als helles Melanin und haben dunkle Haut, dunkle Haare und dunkle Augen. Wenn beide Kopien defekt sind, bilden wir fast nur noch helles Melanin und haben helle Haut, helle Augen und rote Haare. Und wenn nur eine Kopie defekt ist, hängt unser Farbtyp stark von zusätzlichen Genen ab und ist deshalb schwer vorhersagbar. Defekte Varianten des Farbgens traten ungefähr zur Zeit der Besiedlung Nordeuropas auf. Heute sind etwa acht Prozent der Bewohner der Britischen Inseln und fast dreizehn Prozent der schottischen Bevölkerung rothaarig. Warum ist dieser Farbtyp so verbreitet, obwohl er keine funktionellen Vorteile bietet? Könnte es sein, dass er uns attraktiv macht? Ist helles Melanin vielleicht für uns Menschen ein Sexuallockstoff? Es ist schwer zu übersehen, dass Maler der Renaissance und der präraffaelitischen Schule eine Schwäche für rothaarige Modelle hatten. Da defekte Formen des Farbgens auch in Neandertal-Skeletten nachweisbar sind, dürften zumindest einige Vertreter dieser ausgestorbenen Menschenart rothaarig und hellhäutig gewesen sein. Haben deswegen unsere Homo-sapiens-Vorfahren mit ihnen Kinder gezeugt? Wer kennt schon die verschlungenen Wege der Liebe?

Melanin hütet noch viele weitere Geheimnisse. Was hat dunkles Melanin in unserem Gehirn und im Mittelohr zu suchen? Warum sind melaninfreie und blauäugige Katzen meist taub? Und warum sind rothaarige Frauen schwerer narkotisierbar und schmerzempfindlicher als dunkelhaarige? Wahrscheinlich haben das Farbgen oder dunkles Melanin noch andere Funktionen, die wir nicht kennen. Eine dieser Funktionen könnte damit zusammenhängen, dass dunkles Melanin der beste Schalldämpfer ist, den wir kennen. Oder dass es Zellbestandteile gegen Oxidation und niedere Tiere gegen eindringende Bakterien schützen kann.

Im stillgelegten, aber immer noch hoch radioaktiven Kernreaktor von Tschernobyl gedeihen melaninhaltige Pilze, die bei radioaktiver Bestrahlung nicht langsamer, sondern schneller wachsen. Vorläufige Befunde lassen vermuten, dass sie mit ihrem dunklen Pilz-Melanin die Energie radioaktiver Strahlung in biologisch verwertbare Energie umwandeln und zum Leben verwenden. Sollte sich diese Vermutung bestätigen, wäre Melanin nicht nur für uns Menschen eine Schicksalsfarbe.

Fremde in mir

Noch nie hatte ich so gefroren. Auf der Flucht vor den Kriegswirren waren wir in einer Februarnacht in unserem ungeheizten Zug irgendwo stecken geblieben, und die schneidende Kälte verhinderte jeden Schlaf. Erst als der Morgen graute, schmiegte ich mich heimlich an meinen schlummernden Sitznachbarn, dessen Körperwärme mir endlich den ersehnten Schlaf schenkte. Nie werde ich diese wohlige Wärme vergessen. Aber woher kam sie? Ich konnte nicht ahnen, dass sie einmal mein Forscherleben prägen und mir aus der Frühzeit des Lebens erzählen würde.

Meine Körperzellen gewinnen Energie durch Verbrennung von Nahrung. Bei dieser «Zellatmung» verbrauchen sie Sauerstoffgas, speichern einen Teil der Verbrennungsenergie als chemische Energie und verwenden diese zum Leben. Je mehr Arbeit eine Zelle leistet, desto intensiver atmet sie.

Meine Gehirnzellen atmen intensiver als alle andern Zellen meines Körpers und erzeugen pro Gramm und Sekunde zehntausendmal mehr Energie als ein Gramm unserer Sonne.

All dies verdanke ich winzigen Verbrennungsmaschinen im Inneren meiner Zellen – den Mitochondrien. Im Mikroskop erscheinen sie meist als einzelne Würmchen, können aber auch als zusammenhängendes Netz die ganze Zelle durchziehen. Sie besitzen sogar eigene Erbanlagen, die den Bauplan für dreizehn Proteine tragen. Jedes dieser Proteine ist ein unverzichtbarer Teil der Verbrennungsmaschine, und wenn eines von ihnen defekt ist oder gar fehlt, kann dies für den betroffenen Menschen Blindheit, Taubheit, Muskelschwund, Demenz oder frühen Tod bedeuten. Warum tragen meine Mitochondrien einige wenige Erbanlagen, obwohl alle andern Erbanlagen in den Chromosomen des Zellkerns verwahrt sind? Es gibt dafür keine logische Erklärung. Die Antwort liegt in der Geschichte des Lebens – und diese ist so grossartig und spannend wie keine zweite.

Lebende Zellen gibt es auf unserer Erde seit mindestens 3,8 Milliarden Jahren. Die ersten Lebewesen gewannen ihre Energie wahrscheinlich durch Gärung – ähnlich wie die heutigen Hefezellen, die

Zucker zu Alkohol und Kohlendioxid spalten. Gärungsprozesse liefern zwar wenig Energie, benötigen jedoch kein Sauerstoffgas; dies war für die frühen Lebewesen entscheidend, da dieses Gas in der jungen Erdatmosphäre fehlte. Als sich diese Lebewesen immer mehr ausbreiteten, verbrauchten sie die vergärbaren Stoffe und schlitterten wahrscheinlich in eine bedrohliche Energiekrise. Der Retter war ein neuartiges Lebewesen, das sich vom Licht der Sonne zu ernähren wusste und so dem Leben auf unserem Planeten eine schier unbegrenzte Energiequelle erschloss – die Verschmelzung von Atomkernen in unserer Sonne. Diese lichtverwertenden Lebewesen überwucherten bald den Erdball, sodass noch heute gewaltige versteinerte Hügel von ihnen zeugen.

Die Verwertung von Sonnenlicht erzeugte jedoch aus Wasser Sauerstoffgas, das Zellen durch Oxidation schädigte. Diese Vergiftung mit Sauerstoffgas führte wahrscheinlich zum grössten Massensterben in der Geschichte des Lebens. Für die erfinderische Evolution ist giftiger Abfall jedoch stets ein Ansporn für neue Ideen, und so dauerte es nicht lange, bis sich Zellen entwickelten, welche die organischen Überreste anderer Zellen mithilfe von Sauerstoffgas verbrannten und die Verbrennungsenergie zum Leben verwendeten. Die Zellatmung war erfunden. Obwohl diese atmenden Zellen als Parasiten von den Körperresten und vom Abfall anderer Zellen lebten, waren sie sehr erfolgreich, da sie auch nachts und an solchen Orten wachsen konnten, an die kein Sonnenlicht gelangte.

Vor etwa zweitausend Millionen Jahren gab es auf unserer Erde also drei Hauptarten von Lebewesen, die alle den heutigen Bakterien ähnlich waren. Alle drei besassen nur wenig Erbsubstanz und deswegen nicht genügend biologische Information, um komplexe vielzellige Organismen zu bilden. Die erste Art ernährte sich von der Energie des Sonnenlichts. Die zweite verbrannte die Überreste der lichtessenden Lebewesen. Und die dritte Art konnte weder das eine noch das andere, sondern lebte wie die frühesten Lebewesen mehr schlecht als recht von der Vergärung organischer Stoffe. Doch gerade dieser rückschrittlichen dritten Art gelang vor etwa 1,5 Milliarden Jahren ein Meisterstück: Sie fing atmende Lebewesen ein, benützte sie als Energieproduzenten und bot ihnen im Gegenzug wahrscheinlich eine schützende Umgebung und eine bessere Verwahrung ihrer Erbsubstanz. Diese Lebensgemeinschaft behagte offenbar beiden Partnern und hat sich bis heute erhalten. Sie schuf einen neuen Zelltyp, der über das Erbgut zweier Lebewesen verfügte und deshalb komplexe

Pflanzen und Tiere bilden konnte. Im Verlauf der folgenden 1,5 Milliarden Jahre gewöhnten sich die eingefangenen atmenden Bakterien an ihren schützenden Wirt, übergaben ihm den grössten Teil ihrer Erbsubstanz und konnten deshalb bald nicht mehr ohne ihn leben. Sie wurden seine Atmungsorgane – Mitochondrien. Ich bin der ferne Nachfahre einer Vereinigung zweier verschiedener Lebewesen vor 1,5 Milliarden Jahren – und die Erbsubstanz in meinen Mitochondrien ist der kümmerliche Rest, der von der Erbsubstanz der einst frei lebenden Bakterien geblieben ist.

Während ihrer Entwicklung zur Sesshaftigkeit übernahmen die atmenden Bakterien so viele wichtige Stoffwechselprozesse der Wirtzelle, dass auch diese schliesslich nicht mehr allein leben konnte. Wenn sich die Zellen meines Körpers teilen, vererben sie den Tochterzellen nicht nur meine Erbsubstanz in den Chromosomen des Zellkerns, sondern auch meine Mitochondrien – samt deren Erbsubstanz. Ohne ererbte Mitochondrien wären die Tochterzellen nicht lebensfähig. Bei der Vererbung von Mitochondrien sind Väter allerdings unwichtig, denn die Mitochondrien einer befruchteten Eizelle stammen nur von der Mutter. Männliche Samenzellen besitzen nur ein einziges Mitochondrium, das entweder nicht in die Eizelle eindringen kann oder, falls ihm dies doch gelänge, gegen die Hunderttausenden von mütterlichen Mitochondrien der viel grösseren Eizelle keine Chance hätte.

Mitochondrien regeln ihr Feuer mit grosser Sorgfalt und drosseln es, wenn die Zelle über genügend Energie verfügt. Versagt diese Regelung, kommt es zur Katastrophe. Ein tragisches Beispiel dafür lieferte eine 27-jährige Schwedin, die 1959 in einer Klinik Hilfe suchte, weil sie selbst bei grosser Kälte stark schwitzte und trotz ihrer abnormalen Esssucht spindeldürr blieb. Die Ärzte erkannten zwar, dass die Feuer ihrer Mitochondrien ausser Kontrolle waren, konnten ihr aber nicht helfen, sodass sie sich zehn Jahre später verzweifelt das Leben nahm.

Doch selbst in gesunden Mitochondrien arbeitet die Verbrennung nicht fehlerfrei, sondern erzeugt gefährliche Abfallprodukte, die wichtige Zellbausteine durch Oxidation zerstören können. Besonders davon betroffen ist die Erbsubstanz DNS, für die fast jede chemische Veränderung eine Mutation bedeutet, welche die Zelle schädigen oder gar töten kann. Chemische «Funken» aus den Verbrennungsmaschinen meiner Mitochondrien fügen meinem Erbmaterial jeden Tag Hunderte, wenn nicht Tausende von Mutationen zu, und ich kann von Glück reden, dass meine Zellen sie fast alle schnell wieder ausbügeln. Doch einige Mutationen, vor allem die im Erbmaterial meiner Mitochondrien, bleiben und häufen sich über die Jahrzehnte langsam, aber unaufhaltsam an. Meine Mitochondrien haben deshalb immer mehr Mühe, die von ihrem Erbmaterial programmierten dreizehn Proteine der Verbrennungsmaschine zu bilden, und liefern meinen Zellen deshalb immer weniger Energie. Die schädlichen Nebeneffekte meiner bereits etwas keuchenden Zellatmung sind wahrscheinlich daran mitschuldig, dass nicht nur meine Mitochondrien, sondern auch mein ganzer Körper altert. Sollte ich das Glück – oder Unglück – haben, neunzig Jahre alt zu werden, dann wird jede meiner Muskelzellen mit bis zu zehnmal weniger Energie auskommen müssen als in meiner Jugend. Die trübsten Aussichten haben jedoch mein Gehirn und dessen Ausstülpung nach aussen – die Netzhaut meiner Augen. Da die Zellen dieser beiden Gewebe besonders intensiv atmen, bekommen sie die Unvollkommenheit meiner Mitochondrien mit voller Wucht zu spüren und sind deshalb stärker bedroht als andere Gewebe meines Körpers. Parkinsonkrankheit, Alzheimerkrankheit, Degeneration der Netzhaut – für alle diese furchterregenden Alterskrankheiten dürften chemische

Funken aus geschädigten Mitochondrien mit verantwortlich sein.

Alterung der Mitochondrien erhöht den Ausstoss schädlicher Nebenprodukte, die dann die Alterung noch weiter beschleunigen. Aus diesem Teufelskreis führt für eine Zelle oft nur der Selbstmord. Wenn Mitochondrien so stark geschädigt sind, dass sie nicht mehr genügend Energie liefern können, senden sie chemische Botenstoffe aus, die der Zelle befehlen, sich umzubringen. Die Zelle verdaut sich dann selbst, verpackt ihre Überbleibsel in kleine Membransäcke und überlässt diese streunenden Fresszellen zur Beute. Bei diesem Harakiri vermeidet die Zelle sowohl Abfälle als auch eine Entzündung des umgebenden Gewebes: Sie orchestriert ihren Selbstmord ebenso sorgfältig wie Wachstum und Teilung. Was könnte mir eindringlicher zeigen, dass Leben und Tod untrennbare Teile eines grösseren Ganzen sind? So wie Persephone als Tochter der Fruchtbarkeitsgöttin an der Seite von Hades über die Toten herrschte, können die Leben spendenden Mitochondrien meinen Zellen auch den Tod verkünden. Die atmenden Bakterien und ihr Wirt sind sich noch nicht ganz einig. Noch immer suchen sie den besten gemeinsamen Weg. Mitochondrien sind ein Teil von mir, aber dennoch Fremde.

Meine Welt

Bin ich allein? Kann ich die Welt, die ich sehe und empfinde, mit andern teilen – oder bin ich Gefangener meiner Sinne und der Armut meiner Sprache? Als unsere Vorfahren noch in Gruppen jagten, war Alleinsein Gefahr. Heute quält uns Angst vor Einsamkeit. Angst ist Furcht vor Unbekanntem, also sollte Wissenschaft sie uns überwinden helfen. Biologie lehrt mich zwar, dass jeder von uns die Welt anders sieht, schmeckt, riecht und fühlt. Sie tröstet mich aber auch mit der Erkenntnis, dass meine Sinne mir Einmaligkeit schenken.

Dass Menschen Geschmack unterschiedlich empfinden, offenbarte ein unerwarteter Luftzug, der dem amerikanischen Chemiker Arthur Fox im Jahre 1931 ein Pulver von seinem Experimentiertisch wegblies. Sein Tischnachbar verspürte sofort einen bitteren Geschmack, Fox dagegen nicht. Heute wissen wir, dass die Fähigkeit, dieses Pulver als bitter zu schmecken, erblich bestimmt ist. Bitter zu erkennen, ist für uns deshalb wichtig, weil die meisten pflanzlichen Gifte bitter sind. Wir Menschen besitzen mindestens hundertfünfundzwanzig verschiedene Bittersensoren, wissen aber von den meisten noch nicht, welche Bitterstoffe sie erkennen. Zudem können verschiedene Menschen sehr unterschiedliche Bittersensoren besitzen. Fast jeder Westafrikaner, aber nur etwa die Hälfte aller weissen Nordamerikaner kann das von Arthur Fox untersuchte Pulver als bitter erkennen. Westafrikaner sind die genetisch vielseitigste aller Menschengruppen und unterscheiden sich in den Varianten ihrer Gene stärker voneinander als andere Menschengruppen. Wahrscheinlich hat ein kleines Häufchen von ihnen vor etwa fünfundzwanzig- bis fünfzigtausend Jahren Nordeuropa besiedelt und uns nur einen kleinen Bruchteil der westafrikanischen Genvarianten mitgebracht. Deshalb müssen wir Nordeuropäer und unsere Abkömmlinge mit dem beschränkten Geschmacksrepertoire dieser wenigen afrikanischen Auswanderer auskommen und darauf verzichten, gewisse Bitterstoffe zu erkennen.

Wir empfinden nicht nur bitter, sondern auch süss, sauer, salzig – und *umami*, den Geschmack von Natriumglutamat, das vielen chinesischen Gerichten ihren besonderen Reiz verleiht. Den scharfen Geschmack von Pfeffer und Chilischoten erkennen wir dagegen vorwiegend über Schmerzsensoren. Die Sensoren für sauer und salzig sind noch wenig erforscht, doch die für süss und *umami* sind gut bekannt. Wir besitzen von ihnen etwa ein halbes Dutzend Grundtypen und dazu noch viele persönliche Varianten, sodass verschiedene Menschen süssen Geschmack wahrscheinlich unterschiedlich stark wahrnehmen. Kein Mensch ist jedoch gegenüber süss oder *umami* völlig unempfindlich. Wahrscheinlich hat die Evolution den Verlust der Sensoren für süss und *umami* verhindert, da sie uns kalorien- und stickstoffreiche Nahrung anzeigen. Katzen, die keine süssen Kohlenhydrate essen, haben ihre Sensoren für süss jedoch verloren und sind für süssen Geschmack unempfindlich.

Unsere Geschmackssensoren beeinflussen nicht nur die Wahl unserer Nahrung, sondern vielleicht auch die unserer Suchtmittel. Da die Neigung zu Alkohol- oder Nikotinsucht zum Teil erblich ist, könnte es sein, dass die individuellen Geschmackssensoren manchen Menschen Alkohol oder Zigarettenrauch besonders schmackhaft machen. Wenn dies zuträfe, liessen sich die dafür verantwortlichen Sensoren vielleicht durch Medikamente beeinflussen. Genetische Untersuchungen werden wohl auch bald zeigen können, wer zu Alkoholsucht oder Tabakmissbrauch neigt oder wer gewisse Getränke oder Speisen bevorzugt. Ich hoffe, dass wir diese Möglichkeiten nicht missbrauchen werden.

Der «Geschmack» unserer Nahrung wird auch vom Geruch bestimmt – und Gerüche sind ein geheimnisvolles und verwirrendes Zauberreich. Wir erkennen Millionen von Duftstoffen und setzen dafür etwa vierhundert verschiedene Sensoren in unserer Nasenschleimhaut ein. Im Verein mit unseren Geschmackssensoren können wir so über zehntausend verschiedene Aromen unterscheiden. Mäuse und Ratten fänden dies nicht bemerkenswert, denn ihre hochempfindlichen Nasen sind mit weit über tausend verschiedenen Geruchssensoren bestückt. Gerüche wirken deshalb so stark auf unsere Gefühle, weil sie einen altertümlichen Teil unseres Gehirns ansprechen, der unsere Emotionen und Erinnerungen steuert.

Eine Substanz kann für verschiedene Menschen unterschiedlich riechen. Vor einigen Jahren liessen Schweizer Forscher junge Männer mehrere Tage lang das gleiche Unterhemd tragen und fragten dann junge Frauen, welches dieser getragenen Hemden für sie am angenehmsten rieche. Wie erwartet waren die Antworten sehr verschieden, denn über den Geschmack – oder, in diesem Fall, den Geruch – lässt sich bekanntlich nicht streiten. Aufregend war jedoch der Befund, dass die Frauen meist die Gerüche von Männern bevorzugten, die sich von ihnen genetisch am stärksten unterschieden. Dieses als «T-Shirt-Sniffing» bekannte Experiment ist allerdings noch manchen Forschern suspekt. Sollte es aber einer wissenschaftlichen Überprüfung durch andere standhalten, würde es bedeuten, dass die Individualität unseres Geruchssinns uns hilft, die genetische Vielfalt der menschlichen Rasse zu erhalten.

Solange wir Gerüche bewusst riechen, können wir uns gegen ihre Wirkung wehren. Was aber, wenn es Duftstoffe gäbe, die wir nur unbewusst wahrnehmen und die uns zu ungewollten Affekthandlungen zwingen?

Im Tierreich wimmelt es von solchen Duftstoffen – wir nennen sie Pheromone. Mit ihrem Pheromon kann ein Mottenweibchen ein artengleiches Männchen über mehrere Kilometer hinweg zur Audienz rufen, eine Bienenkönigin ihren Untertanen die Aufzucht einer zweiten Königin verbieten und ein Mäuseweibchen einem interessierten Verehrer ihr Menstruationsstadium verraten. Die Sensoren für Pheromone ähneln normalen Geruchssensoren, finden sich aber meist in einer besonderen Nasenregion und senden ihre Informationen an einen besonderen Teil des Gehirns. Eine Maus verfügt wahrscheinlich über etwa dreihundert Pheromonsensoren. Dies zeigt eindrücklich, wie sehr solche gebieterischen Duftstoffe das Leben einer Maus prägen.

Wahrscheinlich sind auch wir unbewusste Sklaven von Pheromonen. Wenn sich Frauen über längere Zeit hinweg den gleichen Raum teilen, synchronisieren sie unbewusst ihre Menstruationszyklen, weil sie eine geruchlose Substanz ausscheiden, die in andern Frauen Menstruation auslöst. Die chemische Struktur dieser Substanz ist noch nicht mit Sicherheit bekannt, dürfte aber der des weiblichen Sexualhormons ähnlich sein. Männer scheiden Abkömmlinge des männlichen Sexualhormons aus, deren Duft auf viele, aber nicht alle Frauen angenehm entspannend wirkt.

Der Gedanke, dass Düfte sich hinterrücks meiner Gefühle bemächtigen könnten, beunruhigt mich, doch die moderne Forschung spendet mir hier Trost. Unsere fernen Vorfahren hatten wahrscheinlich fast ebenso viele Geruchssensoren wie Ratten und Mäuse – nämlich mindestens neunhundert. Im Verlauf unserer Entwicklung während der letzten 3,2 Millionen Jahre liessen wir jedoch mehr als die Hälfte dieser Sensoren verkümmern und schleppen heute lediglich ihre verrotteten Gene von einer Generation zur andern. Mit unseren Pheromonrezeptoren steht es noch schlechter oder, aus meiner Sicht, noch besser: Ihre Gene sind fast ausnahmslos so verstümmelt, dass sie sehr wahrscheinlich nicht mehr funktionstüchtig sind. Ähnlich steht es um die Proteine, welche Pheromonsignale an mein Gehirn übermitteln. Auch wenn unsere heutigen Nasen viel weniger empfindlich als die einer Ratte sind, sollten wir über unsere zerstörten Geruchs- und Pheromonsensoren stolz sein. Um *Homo sapiens* zu werden, mussten wir nicht nur Neues lernen, sondern auch Ererbtes über Bord werfen. Auf unserem langen Entwicklungsweg hatten wir den Mut, das dumpfe Zaubereich der Düfte gegen die helle Präzision unserer Augen zu vertauschen.

Unsere Augen arbeiten mit vier verschiedenen Lichtsensoren. Der Sensor in den Stäbchen unserer Netzhaut ist sehr lichtempfindlich, kann jedoch keine Farben erkennen. In der Dunkelheit verlassen wir uns nur auf ihn – und sehen dann alle Katzen grau. Bei hellem Licht wechseln wir zu drei Farbsensoren in unseren Netzhaut-Zapfen: einen für Blau, einen für Grün und einen für Rot. Sie sind zwar weniger lichtempfindlich, zeigen uns dafür jedoch Farben – und dazu noch jede von ihnen in etwa hundert verschiedenen Abstufungen. Da unser Gehirn die Signale der Sensoren gegeneinander abwägt, können wir etwa zwei Millionen Farben sehen. Viele andere Tiere, wie Insekten und Vögel, besitzen bis zu fünf verschiedene Farbsensoren und sehen daher nicht nur viel mehr Farben als wir, sondern zum Teil auch ultraviolettes oder infrarotes Licht, für das wir blind sind. Da die ersten Säugetiere meist Nachtjäger waren, begnügten sie sich mit zwei Farbsensoren, sodass fast alle heutigen Säugetiere nur etwa zehntausend verschiedene Farben unterscheiden. Erst die Vorfahren der heutigen Menschenaffen entwickelten wieder einen dritten Farbsensor, wahrscheinlich weil sie reife von unreifen Früchten gegen einen Hintergrund vielfarbiger Blätter unterscheiden wollten. Dank diesem zusätzlichen Sensor erstrahlt die Welt für Menschenaffen – und uns Menschen – in Millionen von Farben.

Etwa vier Prozent aller Menschen können jedoch viel weniger Farben sehen, weil ihnen der Grün- oder der Rotsensor fehlt; sie sind farbenblind. Umgekehrt können wahrscheinlich einige Frauen bis zu hundert Millionen Farben unterscheiden, weil sie nicht nur mit drei, sondern mit vier Farbsensoren begnadet sind. Diese Frauen dürften es jedoch nicht immer leicht haben, da ihnen die Farben auf Fotos oder Fernsehschirmen wahrscheinlich unnatürlich oder falsch erscheinen. Sie könnten andererseits an subtilen Farbänderungen des Gesichts Lügner erkennen oder farbige Diagramme besonders schnell begreifen. Man vermutet, dass es weltweit fast hundert Millionen solcher «Superfrauen» gibt. Wir Männer könnten sie nur neidisch bewundern. Aber bevor wir sie heiraten, sollten wir bedenken, dass durchschnittlich jeder zweite ihrer Söhne farbenblind wäre. Unsere Liebe zu ihnen würde nicht nur blind, sondern vielleicht auch farbenblind machen.

Jeder von uns sieht, riecht und schmeckt also auf seine Weise, und das Gleiche gilt für unser Hören und unsere Schmerzempfindlichkeit. Unsere Sinne zeigen uns eine Welt, die nur wir allein bewohnen und die andern verschlossen bleibt. Entspringt Kunst dem Verlangen, dieser engen Welt zu entrinnen und ihr allgemeine Gültigkeit zu schenken?

Lebensuhren

Nach dem winterlichen Basel war die australische Sonne ein Genuss. Dennoch fühlte ich mich unwohl, da meine innere Uhr immer noch den Tag-Nacht-Zyklus Europas anzeigte. Sie gehorcht der Erdrotation, und da diese ungefähr einem Tag – auf Lateinisch «circa diem» – entspricht, ist sie meine zirkadiane Uhr. In mir ticken noch andere Uhren, langsamer als die erste, aber umso unerbittlicher. Sie bestimmten einst, wie ich im Leib meiner Mutter wuchs, wann mir als junger Mann die ersten Barthaare sprossen und wann diese das erste Grau zeigten. Heute messen sie wohl die Zeit, die mir noch bleibt. Sie sind meine Schicksalsuhren – unbeirrbar auslaufende Stundengläser, die kein Sterblicher je umzukehren vermochte. Meine zirkadiane Uhr ist hingegen ein Schwingkreis, der periodische Vorgänge in meinem Körper und den Rhythmus meines täglichen Lebens regelt. Jede dieser Uhren ist ein aufwendiges, sich selbst kontrollierendes System – ein Rad in einem Rad in einem Rad. Die Fürsorge, mit der das Leben wichtige Steuerungen doppelt und dreifach sichert, erstaunt mich immer wieder – und lässt mich ehrfürchtig verstummen.

Meine zirkadiane Körperuhr ist ein Erbe aus der Frühzeit des Lebens auf unserer Erde. Einige Bakterien verwerteten bereits vor über 3,5 Milliarden Jahren die Energie des Sonnenlichts und «lernten» wohl schnell, energiehungrige Prozesse – wie chemische Synthesen und Wachstum – bei Einbruch der Dämmerung zu drosseln. Auch ihre heutigen Nachfahren gehen nachts auf Sparflamme und setzen dieses regelmässige An- und Abschalten auch dann für längere Zeit fort, wenn sie in steter Dunkelheit weiterwachsen. Bakterien, deren zirkadiane Uhr gestört ist, haben gegen ihre normalen Artgenossen in der freien Natur keine Chance, da sie die Energie der Sonne nicht effizient genug nützen können.

Diese bakterielle Uhr ist verblüffend einfach. Ihr Herzstück sind drei verschiedene Proteine und ATP, eine in allen Zellen vorhandene phosphorhaltige Substanz. Diese vier Partner reagieren miteinander als spontan schwingendes chemisches System, das sich mit den vier reinen Komponenten im Reagenzglas nachbauen lässt. In der intakten Bakterienzelle ist diese chemische Uhr über ein lichtempfindliches gelbes Protein an den Tag-Nacht-Zyklus gekoppelt. Wie diese Kopplung erfolgt, ist noch unklar, doch ohne sie würde die chemische Uhr nach einigen Tagen aus dem Rhythmus fallen. Eine modernere, aber auch komplexere lichtgesteuerte Uhr tickt auch in den Körperzellen von Fliegen und durchsichtigen kleinen Fischen, in denen Licht alle Zellen des Körpers erreichen kann. Als die Evolution dann aber grössere und lichtundurchlässige Tiere schuf, verlagerte sie die Lichtsensoren in eigene Organe an der Körperoberfläche. Bei vielen niederen Tieren sitzt dieses lichtempfindliche Organ an der Hinterseite des Kopfes. Bei uns Menschen findet es sich in der Netzhaut der Augen und besteht aus mindestens fünf verschiedenen Lichtsensoren: den vier verschiedenen Sehpurpurtypen in den Stäbchen und Zapfen sowie dem farbigen Eiweiss Melanopsin, das in einer eigenen Schicht der Netzhaut sitzt und nicht am normalen Sehen beteiligt ist. Diese fünf Lichtsensoren senden ihre Signale an ein nur zwei bis drei Millimeter grosses Bündel dicht gepackter Nervenzellen in einer besonderen Region unseres Gehirns, dem Hypothalamus. In diesem Nervenbündel schalten sich einige Gene mit einer Periode von 24,4

Stunden gegenseitig an und ab und wirken so als zirkadiane Zentraluhr. Die Periode dieser Uhr ist zwar etwas länger als ein Tag, doch die Lichtsensoren unserer Netzhaut stellen sie täglich auf den Tag-Nacht-Zyklus ein. Da diese Feinregulierung der Zentraluhr auch durch Melanopsin allein sichergestellt werden kann, funktioniert sie auch noch bei den meisten Blinden. Wenn diesen jedoch beide Augen fehlen, gehorcht ihr Biorhythmus nicht mehr dem Tag-Nacht-Zyklus, sodass sie oft an Schlafstörungen und Depressionen leiden.

Die lichtgesteuerte Zentraluhr unseres Gehirns regelt die Ausschüttung von Hormonen und andern Substanzen in das Blut und stimmt so die ihr untergeordneten zirkadianen Uhren der einzelnen Körperzellen mit der Erdumdrehung ab. Eine dieser chemischen Steuersubstanzen, die auch zum Jetlag beiträgt, ist das Hormon Melatonin. Unsere Zirbeldrüse bildet es aus der Aminosäure Tryptophan in einem Syntheseprozess, der sich in der Nacht an- und am Tag abschaltet. Melatonin erhöht das Schlafbedürfnis, doch wie es dies tut, wissen wir noch nicht genau. Auch andere Hormone unseres Körpers unterliegen einem Tag-Nacht-Rhythmus, wobei es grosse individuelle Unterschiede gibt. Wir alle kennen Menschen, die am besten abends arbeiten – und auch solche, die schon frühmorgens ihre volle Leistungsfähigkeit erreichen.

Die zirkadiane Uhr unserer Körperzellen tickt auch dann weiter, wenn wir in wochenlanger Dunkelheit leben oder die Zellen aus unserem Körper entfernen und im Reagenzglas weiterzüchten. In diesem Fall können wir sogar zeigen, dass jede Zelle ihren Tag-Nacht-Rhythmus an die Tochterzellen vererbt. Doch ohne regelmässige Lichtkontrolle geraten die einzelnen Zelluhren früher oder später aus dem Gleichschritt. Dies hat weitreichende Folgen, da jede Uhr auf noch unbekannte Weise das chemische Innenleben der Zelle steuert. Seit wir Stoffwechselprozesse in einer einzigen Zelle verfolgen können, wissen wir, dass jeder Prozess mit einer charakteristischen Phase schwingt und die Phasen verschiedener Prozesse oft zeitlich versetzt sind. So atmet eine wachsende Hefezelle dann am langsamsten, wenn sie ihr Erbmaterial für die bevorstehende Zellteilung verdoppelt. Welche Vorteile bringen solche phasenversetzten Stoffwechselschwingungen? Vielleicht trennen sie Prozesse, die sich gegenseitig stören könnten: Oxidierende Abfallprodukte der Atmung könnten zum Beispiel die Neubildung der sauerstoffempfindlichen Erbsubstanz gefährden. Auch Membranen können Stoffwechselwege voneinander abschotten, doch eine zeitliche Trennung ist einfacher – und eleganter. Sie ermöglicht uns überdies neue Wege zur Krebsbekämpfung, da der Stoffwechsel von Krebszellen oft anders schwingt als der normaler Zellen. Wenn ein wachstumshemmendes Krebsheilmittel dann verabreicht wird, wenn Krebszellen – nicht aber normale Zellen – im Maximum ihrer Wachstumswelle sind, sollten unerwünschte Nebenwirkungen besonders gering sein. Da die meisten der heute eingesetzten Krebsheilmittel leider auch für normale Zellen hochgiftig sind, könnte eine solche «Chronotherapie» die Wirksamkeit vieler Krebstherapien wesentlich erhöhen.

Und wie steht es mit den viel langsameren Sanduhren, die unsere Lebensperioden steuern? Keine unserer Körperuhren sind für uns elementarer als die, welche unsere Lebensspanne bestimmen. Welche Uhren entscheiden, dass eine Maus höchstens vier Jahre lang lebt, eine Katze achtunddreissig Jahre, ein Mensch hundertzweiundzwanzig Jahre und ein Grönlandwal über zweihundert Jahre? Wir wissen über diese Uhren noch sehr wenig. Mindestens eine von ihnen findet sich, zusammen mit der zirkadianen Uhr, in jeder unserer Körperzellen. Wenn wir nämlich menschliche Zellen im Reagenzglas wachsen lassen, teilen sie sich höchstens fünfzig- bis hundertmal und sterben dann ab. Wer zählt diese Teilungen? Vielleicht ist es die schrittweise Verkürzung der Chromosomen, die jede Zellteilung begleitet. Diese Verkürzung erfolgt an den beiden Enden der Chromosomenfäden und kann sich nur so oft wiederholen, bis die Chromosomen zu kurz sind, um ihre normale Funktion zu erfüllen. Krebszellen können diesen Verkürzungsprozess bei der Zellteilung ausschalten und vielleicht deshalb unbegrenzt wachsen und normale Zellen überwuchern. Zusätzlich zu dieser Chromosomenverkürzung scheinen auch bestimmte Alterungsgene die Lebensspanne eines Lebewesens zu bestimmen. Bei Würmern, Fliegen und Mäusen kennen wir bereits mehrere solcher Alterungsgene. Wenn wir sie gezielt verändern, können wir das Leben dieser Tiere verdoppeln oder sogar verdreifachen. Leider kennen wir inzwischen so viele Alterungsgene, dass wir uns meist nicht sicher sind, welche von ihnen Entscheidungsträger – und welche nur Befehlsempfänger sind. Eine dritte Uhr, die unsere Lebensspanne bestimmt, ist die langsame Zerstörung unserer Zellbausteine durch Sauerstoff. Das Leben auf unserer Erde entstand zu einer Zeit, als die Lufthülle noch frei von Sauerstoffgas war, sodass die ersten Zellen gefahrlos sauerstoffempfindliche Bausteine verwenden konnten. Als aber vor etwa 3,5 Milliarden Jahren einige von ihnen die Energie des Sonnenlichts zu verwerten begannen und dabei Sauerstoffgas aus dem Meerwasser freisetzten, mussten Lebewesen schleunigst Wege ersinnen, um sich vor diesem aggressiven Gas zu schützen. Leider ist ihnen dies bis heute noch nicht ganz gelungen. Die Fette, die Eiweisse und das Erbmaterial unserer Zellen sind sehr sauerstoffempfindlich und werden im Lauf der Jahre durch Oxidation geschädigt. Vor allem die Atmungsmaschinen in unseren Zellen produzieren stark oxidierende Abfallprodukte. Dies erklärt, weshalb Tiere im Allgemeinen umso kürzer leben, je intensiver sie Sauerstoff veratmen.

Die molekulare Alterungsforschung ist heute derart erfolgreich, dass sie uns wahrscheinlich schon im kommenden Jahrzehnt ein ziemlich klares Bild über die biochemischen und genetischen Kontrollen unserer Lebenserwartung geben wird. Sollte es dann möglich sein, die Lebensuhren unseres Körpers zu bremsen oder gar anzuhalten? Reiche Länder haben dies für ihre Bewohner bereits zum Teil getan: Ein Neandertaler lebte im Durchschnitt zwanzig Jahre, ein Mensch der Altsteinzeit etwa dreiunddreissig Jahre – und ein Japaner darf heute erwarten, einundachtzig Jahre alt zu werden. Weltweit beträgt derzeit die Lebenserwartung eines Menschen siebenundsechzig Jahre. Dies verdanken wir vor allem einer besseren Hygiene und einer gesünderen Ernährung, doch auch Antibiotika, Massenimmunisierungen und Schulbildung waren von Bedeutung.

Kein vernünftiger Mensch sähe es allerdings als oberstes Ziel, unser Leben einfach zu verlängern. Viel wichtiger wäre es, die Lebensqualität bis zum Lebensende möglichst hoch zu halten. Unsere alternde Gesellschaft steht unter enormem Druck, dies zu tun, denn altersbedingte Krankheiten werden selbst für reiche Staaten zu einer kaum tragbaren finanziellen Last. Die USA geben zurzeit allein für die Betreuung von Alzheimerkranken jährlich etwa fünfzig bis achtzig Milliarden Dollar aus. Wenn die Lebenserwartung der US-Bürger wie erwartet ansteigt, dürfte sich diese Summe bis zum Jahr 2050 auf eine Trillion Dollar erhöhen. Einige wenige, aber umso mehr beachtete Alterungsforscher wie der Brite Aubrey de Grey sind extrem optimistisch und meinen, dass sich mit einer Kombination chemischer und genetischer Strategien nicht nur der Alterungsprozess aufhalten, sondern auch unsere Lebensspanne bis auf mehrere Jahrhunderte oder gar Jahrtausende verlängern liesse. Die grosse Mehrheit der Wissenschaftler bezweifelt jedoch solche Vorhersagen und erinnert an einen Ausspruch des bekannten amerikanischen Journalisten Henry Louis Mencken: «Für jedes komplexe Problem gibt es eine einfache Lösung – und sie ist falsch.» Fast alle seriösen Biologen erachten es als unmöglich, in absehbarer Zeit die verschiedenen Alterungsuhren unseres Körpers gleichzeitig zu verlangsamen und unsere Lebensspanne um ein Vielfaches zu verlängern. Unsere Wissenschaftspolitik muss jedoch der seriösen Alterungsforschung einen viel höheren Stellenwert als bisher einräumen, denn diese Forschung ist für weite Teile der Welt mindestens ebenso wichtig wie die über Infektionskrankheiten oder Krebs. Vielleicht wird es in ferner Zukunft tatsächlich möglich sein, unser Leben drastisch zu verlängern. Ob dies je wünschenswert wäre, lässt sich heute noch nicht beantworten. Die Generation unserer Enkel oder Urenkel wird jedoch nicht darum herumkommen, sich dieser wichtigen Frage zu stellen – und sie zu beantworten.

Welche Uhr aber lässt uns fühlen, dass der Wiener Walzer seinen Schwung einer subtilen Verschiebung des zweiten Taktschlags verdankt? Welcher inneren Uhr lauschte Rainer Maria Rilke, als er seine *Sonette an Orpheus* schrieb? Und welcher Zeitgeber verriet dem Dirigenten Wilhelm Furtwängler die fast unmerklichen Temposchwankungen, mit denen er wie kein anderer einem Adagio Atem schenken konnte? Diese Uhren messen Bruchteile von Sekunden – aber auch den Puls von Stunden. Wie gerne wüsste ich, welche meiner hundert Milliarden Nervenzellen mir diese Uhren schenken! Denn es sind die Uhren, die meinem Leben Sinn und Freude geben.

Der kleine Bruder

Die Diagnose kam spät: Zwei Jahrtausende lang hatten die Leichen in der Grabhöhle bei Jerusalem geruht, bevor Wissenschaftler zeigten, dass fast jede zweite Reste von Tuberkulose- und Leprabakterien in sich trug. Ähnliches fand sich in einem ägyptischen Heiligtum aus dem 4. Jahrhundert nach unserer Zeitrechnung, einer ungarischen Grabstätte aus dem 10. Jahrhundert und einem schwedischen Friedhof aus der Wikingerzeit. Lepra ist eine der ältesten bekannten menschlichen Krankheiten. Ihr Waffenbruder war meist die Tuberkulose. Die beiden Krankheitserreger *Mycobacterium tuberculosis* und *Mycobacterium leprae* sind aber nicht nur Waffenbrüder, sondern echte Brüder.

Das mörderische Brüderpaar entstammt der weitverzweigten Familie der Mycobakterien, die als friedliche Bodenbewohner die Überreste anderer Lebewesen verbrennen und so die Fruchtbarkeit der

Erde sichern. Als jedoch Menschen vor etwa zehntausend Jahren zur Viehzucht übergingen, dürfte einigen Mycobakterien der evolutionäre Sprung vom schützenden Boden auf ein Rind gelungen sein. Von diesem war es nur ein kleiner Schritt zum Hirten – und mit der Entwicklung unhygienischer Städte wurde *Mycobacterium tuberculosis* zur Geissel für Mensch und Tier. Einige der Bodenauswanderer spezialisierten sich fast nur auf Menschen, veränderten ihr Erbgut und ihre Lebensweise und wurden zu *Mycobacterium leprae*, dem Erreger von Lepra.

Die beiden Brüder sind sich noch in vielem ähnlich. Sie sehen ungefähr gleich aus, teilen sich viel langsamer als die meisten andern Bakterien und schützen sich mit einer ungewöhnlich aufgebauten Fetthülle. Dennoch ging jeder der Brüder seinen eigenen Weg. Der Erreger von Tuberkulose setzte auf gnadenlose Vernichtung und wurde zum grossen Bruder. Er zerstört die Lunge und andere wichtige Organe, tötete im Europa des 17. und 18. Jahrhunderts ein Viertel der Bevölkerung und hat wahrscheinlich mehr Menschen auf dem Gewissen als jeder andere Krankheitserreger. Gegen die gefürchtete «Schwindsucht» gab es lange keine andern Waffen als gesunde Ernährung, Ruhe und eine sonnige, trockene und reizfreie Umgebung – Thomas Manns

Zauberberg. Nach dem Zweiten Weltkrieg konnten wir mit neuartigen chemischen Wunderwaffen Tuberkulose fast ausrotten – doch nur in reichen Ländern. Weltweit nistet der grosse Bruder immer noch im Körper jedes dritten Menschen. Eine Röntgenaufnahme zeigt, dass er während meiner Kindheit auch in meine rechte Lunge eindrang und dort vielleicht immer noch auf seine Chance lauert. Jedes Jahr gelingt es ihm, acht Millionen Menschen krank zu machen und zwei bis drei Millionen von ihnen zu töten. Vor Kurzem hat er auch gelernt, uns im Verbund mit dem Aidsvirus anzugreifen, und einige seiner südafrikanischen Stammesgenossen haben es sogar geschafft, allen unseren chemischen Waffen zu trotzen. Der bedrohliche Vormarsch von Tuberkulose bewog die Weltgesundheitsorganisation, im Jahre 1993 den Tuberkulose-Notstand auszurufen. Der grosse Bruder ist noch lange nicht besiegt.

Auch der Erreger von Lepra tötet – doch statt rascher Überwältigung setzt er auf langsame Zermürbung. Er zerstört die elektrische Isolation der Hautnerven, entstellt das Antlitz mit grotesken Geschwülsten und lässt schliesslich Finger, Zehen, Hände oder Füsse abfallen und Augen erblinden. Er macht seine Opfer zu Ausgestossenen – zu lebenden Toten. *Mycobacterium leprae* ist der grausame kleine

Bruder. Als die beiden Brüder uns noch gemeinsam jagten, kam der kleine Bruder meist zu kurz, weil ihm der grosse die Opfer zu schnell wegmordete. Unsere Medizin hat auch den kleinen Bruder in die Knie gezwungen, denn eine Mischung dreier Medikamente kann Leprakranke innerhalb eines Tages ansteckungsfrei machen und in sechs bis zwölf Monaten heilen. Wenn die Behandlung früh genug einsetzt, verschwinden sogar die entstellenden Geschwülste. Doch in den Elendsregionen unserer Welt überwältigt der kleine Bruder immer noch jedes Jahr mehrere hunderttausend Menschen, da sich niemand um die Kranken kümmert und diese aus Angst vor Ächtung ihre Krankheit verheimlichen und so auf andere übertragen. Lepra hat bisher noch nicht gelernt, unseren Medikamenten zu widerstehen, verschanzt sich jedoch hinter Armut und Unwissenheit.

Weshalb sind die beiden Brüder so verschieden? Obwohl sie die ersten Bakterien waren, die wir im 19. Jahrhundert als Krankheitserreger entlarvten, blieb die Frage lange unbeantwortet. Wir wussten zwar viel über Tuberkulosebakterien, konnten sie aber nicht sorgfältig mit Leprabakterien vergleichen, da sich diese nicht in genügender Menge rein züchten liessen. Leprabakterien weigern sich bis heute beharrlich, in einer künstlichen Nährflüssigkeit zu wachsen, und vermehren sich ausser in Menschen nur noch in Mäusepfoten, in kühleren Geweben kleiner Nagetiere und in einigen Gürteltieren. Und selbst dann teilen sie sich nur alle zwei Wochen – etwa tausendmal langsamer als die meisten andern Bakterien. Seit einigen Jahren kennen wir jedoch die chemische Struktur des gesamten Erbmaterials der beiden Brüder und können ihre unterschiedlichen Charaktere endlich erklären.

Der grosse Bruder bewahrte sorgsam das Erbe von mehr als viertausend Genen, das ihm seine Vorfahren hinterlassen hatten. Dank diesem genetischen Reichtum kann er sich an verschiedene Umweltbedingungen anpassen, die meisten seiner Bausteine selbst herstellen, durch Verbrennung von Nahrung Energie gewinnen und Wege ersinnen, um unsere Medikamente zu überlisten. Der kleine Bruder liess dagegen mehr als die Hälfte seines genetischen Erbes verkommen, sodass sein heutiges Erbgut mit über zweitausendvierhundert verstümmelten Genen durchsetzt ist. In dieser genetischen Schrotthalde finden sich zwar immer noch tausendsechshundert intakte Gene, doch diese liefern dem kleinen Bruder bei Weitem nicht mehr genügend Information, um Nahrung zu verbrennen, den eigenen Energiebedarf zu decken und unabhängig zu leben. Deshalb kann er sich nur innerhalb von Menschen- und einigen wenigen Tierzellen vermehren. Sein Informationsdefizit könnte auch erklären, warum er bisher noch keinen Weg fand, um unseren Medikamenten zu widerstehen.

Wer einen starken Charakter entwickeln will, muss nicht nur Neues lernen, sondern auch Vertrautes über Bord werfen. Dies gilt nicht nur für uns Menschen. Die Bereitschaft, Traditionen zu missachten, ist für den Musiker Pierre Boulez ein Mass für die Kraft einer Kultur. Und die Veränderung oder Zerstörung ererbter Gene ist Teil der Entwicklung jeder neuen Lebensform. Als das Leprabakterium auf die Hälfte seines genetischen Erbes verzichtete, ging es ein grosses Wagnis ein. Doch erst dieses Wagnis schenkte ihm seinen unverwechselbaren biologischen Charakter. Ist der kleine Bruder dümmer als der grosse – oder einfallsreicher? Ich weiss es nicht. Für mich ist er interessanter.

Porträt eines Proteins

Die Neue Nationalgalerie von Berlin hütet in ihrem Untergeschoss einen besonderen Schatz – Oskar Kokoschkas Porträt seines Freundes und Förderers Adolf Loos. Dieses expressionistische Meisterwerk lässt tief in die Seele des grossen Architekten blicken. Zwar zeigen weder der angedeutete Rumpf noch der träumende Blick den kämpferischen Neuerer, doch die übergross gemalten, fiebrig ineinander verschlungenen Hände verleihen diesem Bild eine hypnotische Kraft. Sie sprechen von Zweifeln und inneren Stürmen und sind dennoch die entschlossenen Hände eines Homo faber, der Grosses baut.

Pablo Picasso soll einmal behauptet haben, Kunst sei die Lüge, die uns die Wahrheit zeigt («El arte es una mentira que nos acerca a la verdad»). Kein Kunstwerk bestätigt dies klarer als Kokoschkas tiefenpsychologisches Porträt. Es verfremdet die äussere Form des Modells, um dessen inneres Wesen offenzulegen. Wer könnte angesichts dieses Bildes noch glauben, Kunst suche nur Schönheit, Wissenschaft dagegen nur Wahrheit?

Dennoch würden die meisten von uns zögern, Kokoschkas Bild als wissenschaftliches Werk zu bezeichnen. Unsere Gesellschaft sieht Kunst und Naturwissenschaft als getrennte, ja sogar gegensätzliche Welten. Kunst gilt als intuitiv, Naturwissenschaft als objektiv. Kunst sucht im Allgemeinen das Individuelle, Naturwissenschaft im Individuellen das Allgemeine. Wir erwarten von Naturwissenschaft Wahrheit, die uns die Lüge zeigt.

An dieser Sichtweise sind auch wir Wissenschaftler nicht ganz unschuldig. Wenn wir eine künstlerische Ader haben, verstecken wir sie hinter einem hölzernen Schreib- und Redestil und trockenen Tabellen oder Grafiken. Und wenn wir schon Bilder verwenden, wollen wir in diesen nichts weglassen oder übermässig hervorheben, um nicht als unehrlich zu gelten. Dieser Ehrenkodex wird uns jedoch bei der Beschreibung komplexer Systeme immer mehr zur Fessel. Der Stoffwechsel lebender Zellen, das Erdklima oder ganze Galaxien liefern uns so viel Information, dass wir diese nicht mehr in der üblichen Weise wiedergeben können. Wollten wir sie in einem Bild zusammenfassen, würde dieses so komplex, dass sein Objekt undurchsichtig bliebe.

Dies gilt selbst für einzelne Moleküle – wie das Protein Aquaporin, das mein Freund Andreas seit vielen Jahren untersucht. Aquaporin ist ein Riesenmolekül aus über neuntausend Atomen, das der umhüllenden Membran unserer Zellen die Aufnahme und Abgabe von Wasser erleichtert. Das Protein ist ein Verbund aus vier gleichen Proteinketten. Jede von ihnen faltet sich in der Zelle spontan zu einem charakteristischen Knäuel und vereinigt sich dann mit drei gleichartigen Knäueln zum funktionstüchtigen Aquaporin. Doch wie wirkt dieses vierteilige Protein als Wasserkanal? Andreas und einige seiner Kollegen wollten dies wissen und bestimmten deshalb seine räumliche Struktur. Nach Jahren mühevoller Arbeit hatten sie die Anordnung jedes Atoms und die verschlungenen Wege der vier Proteinketten in den vier Knäueln auf mindestens einen Milliardstel Meter genau bestimmt. Hätten sie mir jedoch all dies auf einem Computerbildschirm gezeigt, hätte ich nur auf ein unverständliches Gewirr von Punkten und Linien gestarrt und wäre so klug gewesen wie zuvor. Die detailgetreue Darstellung eines komplexen Objekts – sei dies nun ein Protein oder ein Mensch – verschleiert dessen inneres Wesen.

Porträt Adolf Loos von Oskar Kokoschka, 1909.

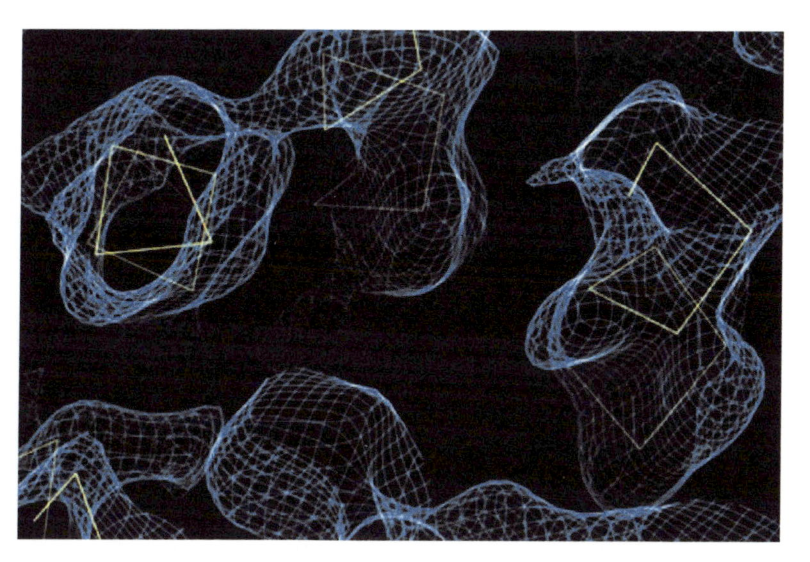

Porträt des wasserleitenden Proteins Aquaporin. Frontalansicht des Proteins von der Aussenseite der Zelle her. Die gelben Stäbe versinnbildlichen den verschlungenen Weg der Proteinkette und die feinen blauen Striche die Verteilung der Masse.

Andreas und seine Kollegen versuchten sich daher als Porträtisten, um aus den zahllosen Strukturdetails den Charakter ihres Proteins herauszuschälen. Sie befahlen ihren Computern, unwichtige Abschnitte der Proteinketten blass zu zeichnen, wichtige mit raffinierten Schattentechniken hervorzuheben oder den Rhythmus bestimmter Aminosäuren in den verschlungenen Ketten mit leuchtenden Farben sichtbar zu machen. Manchmal liessen sie einzelne Kettenteile ganz verschwinden, sodass die für den Wassertransport besonders wichtigen Teile der vier Proteinknäuel frei im Raum zu schweben schienen. Sie scheuten sich auch nicht, einige Details in diesen Knäueln willkürlich zu vergrössern, um deren genaue Form und chemische Eigenschaft zu betonen. Und gelegentlich gewährten sie ihrem künstlerischen Flair freien Lauf und gaben diesen Detailporträts auch einen farbigen oder strukturierten Hintergrund, um ihre wissenschaftliche Aussage so ästhetisch wie möglich zu gestalten. So schufen sie Bilder von beeindruckender Schönheit, die häufig die Titelseiten wissenschaftlicher Zeitschriften zierten. Doch wie allen guten Porträtisten ging es ihnen dabei nicht so sehr um Schönheit, sondern um das Innenleben ihres Modells. Die von ihnen geschaffenen Porträts zeichnen ein stämmiges Protein, das nicht frei im wässrigen Innenraum der Zelle herumschwirrt, sondern fest in einer Membran verankert ist und verblüffend einer Sanduhr ähnelt. Die Bilder erklären auch, weshalb die Verengung in dieser Sanduhr nur Wasser und keine andern Moleküle durchlässt und eine genetische Veränderung dieser Verengung den Wassertransport in meinen Nieren gefährden könnte. Und schliesslich lassen sie erkennen, dass Aquaporin wenig flexibel ist, keine biologischen Signale aussendet und als passiver Kanal und nicht als energiegetriebene Pumpe arbeitet. Diese biochemischen Charakterstudien zeigen Aquaporin als solide Stütze der Gesellschaft. Ich würde sogar die Voraussage wagen, dass ihm in der Zelle ein langes Leben beschert ist. Proteinporträts können also ähnliche hellseherische Fähigkeiten entwickeln wie ein anderes berühmtes Porträt Kokoschkas, das den Schlaganfall des Schweizer Psychiaters Auguste Forel mit unheimlicher Genauigkeit vorausahnte.

Ich kenne auch Porträts von Proteinen, die mit furchterregenden Krakenarmen bewehrt sind und andere Proteine regelrecht zerfleischen können. Oder die darüber entscheiden, ob eine Zelle geregelt wächst oder als Krebszelle wuchert. Und dann kenne ich Porträts von Aristokraten: Proteine, die als winzige rotierende Turbinen unseren Zellen Energie liefern oder die mit einer Vielzahl prächtiger Farbstoffe bestückt sind und das Licht der Sonne in chemische Energie verwandeln.

Um all dies in einem Proteinporträt zu erkennen, braucht es die Augen eines Molekularbiologen, denn wir sehen nur, was wir wissen. Wem Proteine fremd sind, der muss sich also mit der Schönheit dieser Bilder begnügen. Dies gilt jedoch auch für die Gemälde von Hieronymus Bosch oder Max Beckmann, die sich nur dem voll erschliessen, der ihre tiefgründige Symbolik versteht.

Sind Proteinporträts Kunst? Viele werden die Frage leidenschaftlich verneinen – doch mit welchen Argumenten? Sind diese Porträts weniger «künstlerisch» als detailgetreue Landschaftsbilder und Stillleben – oder als die geometrische Op-Art-Abstraktion eines Victor Vasarely? Die Fragen sind müssig, denn Kunst lässt sich nicht in die Schablone akademischer Definitionen zwängen. Die Porträts von Aquaporin befriedigen mein Sehnen nach Schönem – und damit mein Herz. Sie befriedigen aber auch meinen Hunger nach Neuem – und damit meinen Verstand. Sie erschliessen mir ein faszinierendes Molekül und ein neues Kapitel der Naturwissenschaft. Molekularbiologen wollen das Leben von seinen Bausteinen her verstehen. Je komplexer diese Bausteine sind, desto mehr gewinnen sie an Charakter. Und um diesen Charakter zu zeigen, sucht Wissenschaft immer öfter die Hilfe ihrer Schwester – der Kunst. Auch Wissenschaft muss nun lügen, um die Wahrheit zu zeigen. Die beiden Schwestern bleiben zwar getrennt, reichen sich aber wieder die Hände.

Sternenstaub

Blutarmut – die Diagnose überraschte mich nicht. Lange hatte ich meine stete Müdigkeit einer überstandenen Grippe zugeschrieben, doch als ich immer niedergeschlagener wurde und schliesslich sogar bei der spritzigen Ouvertüre zum *Barbier von Sevilla* sanft entschlummerte, war ich Biologe genug, um Eisenmangel zu vermuten und meinen Hausarzt aufzusuchen. Nun war ich erleichtert, denn Eisentabletten würden mir schnell helfen, wieder genügend eisenhaltigen roten Blutfarbstoff und damit auch mehr rote Blutkörperchen zu bilden. Und diese würden meinem Körper wieder genug Sauerstoff zuführen und mich das Leben in seinen vollen Farben geniessen lassen.

So beruhigend die Diagnose auch war – sie war absurd. Ich hatte es nicht geschafft, meinem Körper die nötige Tagesration von ein bis zwei tausendstel Gramm Eisen zu verschaffen, obwohl fast ein Drittel unserer Erde reines Eisen ist. Vom eisernen Erdkern trennt mich zwar eine steinerne Hülle, doch auch diese besteht zu fünf Prozent aus Eisen. Die braunrote Farbe von Äckern und Wüsten stammt vorwiegend von oxidiertem Eisen – also von Rost. Eisen ist gewichtsmässig das häufigste Element auf unserer Erde, und dennoch ist Eisenmangel die häufigste menschliche Krankheit. Sie lastet auf einem Drittel der Weltbevölkerung und hemmt nicht nur die Bildung roter Blutkörperchen, sondern auch die körperliche und geistige Entwicklung von Hunderten Millionen Kindern. Eisenmangel ist im wahrsten Sinn des Wortes ein Blutsauger, der mehr Opfer fordert als die berüchtigten Mörder Herzinfarkt, Krebs oder Aids.

Schuld daran sind leichtsinnige Reptilien, die sich vor etwa zweihundertfünfzig Millionen Jahren aus dem schützenden Nass der Meere auf das Festland vorwagten. Mit ihrem Minigehirn konnten sie nicht voraussehen, dass ihre neue Heimat sie nicht mehr mit löslichen Eisensalzen umspülen würde. Eisen und viele andere lebenswichtige Spurenelemente wie Kupfer und Zink sind auf der Erdoberfläche vorwiegend in unlöslichen Gesteinen gefangen und können in dieser Form zwar von vielen Bakterien und Pflanzen, nicht aber von höheren Tieren verwertet werden. Deshalb gibt eine werdende Mutter der

Leber und dem Knochenmark ihres Kindes einen Eisenvorrat mit auf den Lebensweg – und bezahlt diese Fürsorge oft mit Blutarmut, ohne es zu wissen.

Warum haben die landbewohnenden Nachfahren der Reptilien nicht gelernt, Eisen aus unlöslichem Gestein zu verwerten? Vielleicht weil sie schnell erfahren mussten, dass dies gefährlich wäre, denn Eisen wirkt auch als Zellgift, dessen toxische Dosis nur sechsmal höher ist als der tägliche Bedarf. Ein Überschuss an Eisen erhöht die oxidierende Wirkung von Luftsauerstoff und schädigt das Erbmaterial DNS und viele andere empfindliche Zellbausteine. Freies Eisen fördert überdies das Wachstum der stets in uns lauernden schädlichen Bakterien, da diese – ebenso wie wir – Nahrung mithilfe eisenhaltiger Proteine verbrennen. Deshalb regelt unser Körper die Aufnahme und Verteilung von Eisen mit höchster Sorgfalt und sorgt vor allem dafür, dass in unserem Blut alles Eisen fest an den roten Blutfarbstoff oder an andere eisenbindende Proteine gebunden und für Bakterien unerreichbar ist. Wenn wir fiebrig erkranken, drosseln wir die Menge des im Blut kreisenden Eisens noch weiter, um bakterielle Eindringlinge durch eine Strategie der verbrannten Erde auszuhungern. Ein solches Vorgehen fordert meist auch vom Verteidiger seinen Tribut – und meiner war offenbar Blutarmut. Bakterien lassen nichts unversucht, um die von uns verhängte Eisenblockade zu durchbrechen. Pestbakterien zerstören unsere eisenbindenden Proteine und machen sich mit dem dabei freigesetzten Eisen davon. Andere Bakterien scheiden ihre eigenen eisenbindenden Stoffe aus und holen sie wieder ein, sobald diese mit Eisen gesättigt sind. Wieder andere Bakterien entreissen alten roten Blutkörperchen den roten Blutfarbstoff und verwerten das in ihm gebundene Eisen. Der goldene (oder ist es der eiserne?) Erfinderpreis gebührt jedoch *Borrelia burgdorferi*, dem gefürchteten Erreger der von Zecken übertragenen Borreliose. Dieses Bakterium hat es geschafft, Eisen in seinen Zellbausteinen durch andere Metalle zu ersetzen und ganz ohne Eisen auszukommen. In uns tobt ein unerbittlicher Kampf um den Rohstoff Eisen, der im Verlauf der Menschheitsgeschichte wohl mehr Opfer gefordert hat als alle Kämpfe um Silber und Gold.

Dieser Kampf um Eisen entbrannte wahrscheinlich schon bald nach der Entstehung des Lebens auf unserer Erde und hat nach Ansicht einiger Biologen die Entwicklung höherer Lebewesen um eine Milliarde Jahre verzögert. Ursprünglich gab es auf unserem Planeten kein Sauerstoffgas, sodass die Urmeere viel reduzierte, lösliche Eisensalze enthielten, die lebenden Zellen als Bausteine dienten. Als jedoch einige dieser Zellen die Energie des Sonnenlichts zu verwerten begannen und dabei aus dem Wasser der Meeresoberfläche Sauerstoffgas freisetzten, verwitterten schwefelhaltige Gesteine an den Küsten zu löslichen Schwefelverbindungen, die in die Meere spülten und dort in den sauerstofffreien tiefen Schichten von Bakterien zu Schwefelwasserstoff verwandelt wurden. Dieses übel riechende Gas fällte die löslichen Eisensalze als unlösliche Sulfide aus und liess die Meere an Eisen verarmen. Einfache Lebewesen kamen damit noch leidlich zurecht, doch anspruchsvollere höher entwickelte Zellen mussten um ihr Überleben kämpfen und stagnierten. Erst als Sauerstoffgas über Hunderte von Millionen Jahren auch die Meerestiefen eroberte und dank seiner Oxidationskraft die Bildung von Schwefelwasserstoff verhinderte, begann für das Leben eine neue Eisenzeit und der Siegeszug komplexer vielzelliger Lebewesen.

Auch in der menschlichen Geschichte war die Eisenzeit Beginn einer stürmischen Entwicklung. Bis vor etwa viertausend Jahren war metallisches Eisen ein kostbares Göttergeschenk, das gelegentlich in feurigen Meteoriten vom Himmel stürzte. Das Grab des um 1320 vor unserer Zeitrechnung verstorbenen jungen Pharaos Tutanchamun enthielt mehr Gold als die königliche Bank des Landes, doch eine der offenbar wertvollsten Grabbeigaben war ein kleiner Dolch mit goldenem Heft, goldener Scheide – und eiserner Klinge. Metallisches Eisen fiel zwar auch als Schlacke bei der Kupferschmelze an, liess sich jedoch sehr schwer verarbeiten, da seine Schmelztemperatur von 1537 Grad für die damaligen Schmelzöfen unerreichbar war. Es brauchte viele Jahrhunderte, bis einige begabte Schmiede – wohl zuerst in Zentralanatolien – intuitiv lernten, Eisen so zu verarbeiten, dass es der Bronze überlegen war. Selbst dann blieb seine Bearbeitung für lange Zeit mühsam und unzuverlässig, sodass jedes gute Eisenschwert ein kostbares Kunstwerk war. So inspirierte die frühe Eisenzeit zu Legenden von magischen Schwertern wie Gram, Balmung und Excalibur; die Mythen der Bronzezeit erzählen von keinen Wunderwaffen.

Das Eisen auf unserem Planeten und in meinem Körper ist Staub erloschener Sterne. Eine Milliarde Jahre nach dem Urknall verdichteten sich gigantische Wasserstoffnebel zu Sternen und Galaxien und erhitzten sich dabei so stark, dass Wasserstoffatome zu Heliumatomen verschmolzen. Diese Kernfusion setzte gewaltige Energiemengen frei und zündete so die nuklearen Feuer der Sterne. Nachdem Wasserstoff aufgebraucht war, verschmolzen Helium und seine Fusionsprodukte zu immer schwereren Elementen wie Kohlenstoff, Sauerstoff und schliesslich Eisen. Eisenatome sind die stabilsten aller Atome; ihre Fusion liefert keine Energie, sondern erfordert sie. Für viele Sterne bedeutete dieser «eiserne Vorhang» deshalb ein langsames Erlöschen, bei dem sich ein Teil ihrer Masse – und damit auch des Eisens – im Weltall verlor. Das meiste Eisen unserer Erde ist jedoch das Erbe von Riesensternen und besonderen Sternenpaaren, die plötzlich in sich zusammenstürzten und dabei in wenigen Sekunden so viel Energie freisetzten wie Hunderte von Milliarden Sterne einer ganzen Galaxie. Das unvorstellbare Inferno solcher Supernova-Implosionen schmiedete mühelos selbst die schwersten Elemente und schleuderte sie weit in die Tiefen des Universums, wo sie zusammen mit anderer kosmischer Materie neue Sterne und Planeten zeugten – so auch unsere Erde. Dank dieser weitgereisten Sternenasche verbrennen die eisenhaltigen Kraftwerke unserer Zellen Nahrung und schenken uns Energie. In uns glimmern Abermilliarden winziger Feuer – Abglanz längst verloschener Sternenfeuer aus den Weiten des Universums. Wir sind Glieder einer kosmischen Kette, in der nicht nur für Sterne, sondern auch für uns Menschen jedes Ende ein Anfang ist.

Geheimnisvolle Sinne

Wie ist die Welt um mich beschaffen? Ich kann sie sehen, riechen, hören, betasten und schmecken, doch obwohl ich für diese Sinnesempfindungen Hunderte verschiedener Sensoren und mindestens ein Zehntel meiner Gene einsetze, öffnen sie mir nur ein winziges Fenster zur Wirklichkeit. Meine Augen sehen nur einen verschwindend kleinen Teil aller elektromagnetischen Wellen, meine Ohren sind taub gegenüber tiefen und hohen Tönen, und meine Nase ist stumpf gegenüber Millionen von Düften, die mich umgeben. Um der Enge unserer Sinne zu entrinnen, suchen manche von uns Zuflucht bei Esoterik, Mystik oder Drogen. Und sind nicht auch Wissenschaft und Kunst Versuche, die Grenzen der Wahrnehmung zu sprengen? Wie erschiene uns die Welt, wenn wir ultraviolettes oder infrarotes Licht sehen, Ultraschall hören, elektrische Felder spüren oder das Magnetfeld der Erde wahrnehmen könnten?

Viele Tiere besitzen solche Sinne, und keiner von ihnen ist geheimnisvoller als der Magnetsinn. Unser Planet ist ein gigantischer Magnet, weil flüssige eisenhaltige Schichten in seinem Inneren sich gegeneinander bewegen. Das Magnetfeld der Erde ist allerdings nur schwach, schwankt stark und dreht sich im Durchschnitt alle Millionen Jahre ein- bis fünfmal um. Zum letzten Mal geschah dies vor siebenhundertachtzigtausend Jahren, als unser Vorfahre *Homo erectus* die Erde wandelte. Wir können die Platzwechsel von magnetischem Nord- und Südpol bis zur Frühzeit unseres Planeten zurückverfolgen, weil bei der Bildung eisenhaltiger Sedimente deren magnetische Teilchen sich nach dem jeweiligen Erdmagnetfeld ausrichteten und dann in dieser Stellung erstarrten. Die magnetischen Kraftlinien unserer Erde treten am Südpol aus, krümmen sich um den Erdball herum und fliessen in den Nordpol zurück. Sie verlaufen also am Äquator ungefähr parallel zur Erdoberfläche und fallen gegen die Pole hin immer steiler zur Erdoberfläche ab.

Schon früh «lernten» Lebewesen, diese Feldlinien als Wegweiser zu verwenden. Vor dreissig Jahren bemerkte ein amerikanischer Biologe, dass manche Sumpfbakterien stets an den Nordrand eines Wassertropfens wanderten, jedoch die Richtung umkehrten, wenn er das Magnetfeld um den Wassertropfen künstlich umpolte. Diese «Magnetbakterien» trugen in ihrem Inneren membranumhüllte Kristalle des magnetischen Eisenoxids Magnetit, die in Form langer Ketten als Kompassnadel wirkten und dem Antriebsmotor der Bakterien die Bewegungsrichtung vorgaben. Abgetötete Magnetbakterien richteten sich zwar immer noch nach der Nord-Süd-Achse aus, wanderten jedoch nicht mehr. Magnetbakterien wachsen am besten in Wasserschichten, die weder zu viel noch zu wenig Sauerstoff enthalten, und benutzen ihren Magnetsinn, um die Richtung zum Meeresboden und damit die geeignete Wassertiefe zu finden. Ihre Artgenossen in südlichen Gewässern wandern deshalb nicht gegen Norden, sondern gegen Süden. Im Verlauf der letzten zwei Milliarden Jahre verfestigten sich die Magnetitkristalle abgestorbener Magnetbakterien an den Meeresböden zu gewaltigen magnetischen Sedimenten, die, zusammen mit nicht biologischen Magnetit-Ablagerungen, das globale Magnetfeld der Erde subtil verzerren. Magnetische Kraftlinien zeichnen so die Oberfläche unseres Planeten in ebenso charakteristischer Weise wie Kontinente und Ozeane.

Auch viele Tiere, die im Verlauf ihres Lebens spektakuläre Fernreisen unternehmen, orientieren sich am Magnetfeld der Erde. Magnetische Navigation ist besonders für Meeresbewohner hilfreich, die im eintönigen Dämmerlicht der Meere über Tausende von Kilometern ihre Bahnen ziehen. Wenn eine Unechte Karettschildkröte an den Oststränden Floridas aus dem Ei schlüpft, eilt sie sofort nach Osten ins schützende Nass, schwimmt dann mit dem Golfstrom zur Kreiselströmung des Sargasso-Meeres und kehrt erst Jahre später nach Florida zurück. Wenn sie auf ihrer Heimreise die Kreiselströmung am falschen Ort verlässt und in kühle nördliche Wasser oder in den warmen Süden abirrt, bedeutet dies meist ihr Ende. Das ausschlüpfende Junge eicht seinen Magnetsinn zunächst nach dem vom östlichen Meeresstrand her einfallenden Licht und misst dann im freien Meer wahrscheinlich den Winkel zwischen den magnetischen Feldlinien und dem Meeresboden. Da dieser Winkel gegen die Pole hin steiler wird, zeigt er der schwimmenden Schildkröte die geografische Breite; wie das Tier die geografische Länge ortet, ist noch rätselhaft. Auch Mollusken, Hummer und viele Fische orientieren sich auf diese Weise. In all diesen Lebewesen, wie auch in Insekten und Säugetieren, finden sich winzige Magnetitkristalle, die denen von Magnetbakterien sehr ähnlich sind. Die Regenbogenforelle trägt diese geordneten Kristallketten in besonderen Nervenzellen der Nasenregion. Jeder Kristall ist über feine Proteinfäden mit der Innenseite der Zellmembran verbunden und könnte so die Kraft einer magnetischen Ablenkung auf die Membran übertragen, diese verformen und in ihr mechanisch empfindliche Membranschleusen für elektrisch geladene Metallatome öffnen. Dies ergäbe schliesslich ein elektrisches Signal, das an das Gehirn geleitet und von diesem als Positionsinformation entschlüsselt wird.

Seine höchste Vervollkommnung findet der Magnetsinn jedoch in Zugvögeln, die auf ihren weltweiten Reisen mit fast unvorstellbarer Genauigkeit ihr Ziel finden. Wie sie diese Meisterleistung vollbringen, ist noch weitgehend rätselhaft. Wahrscheinlich setzen sie dafür gleich mehrere Navigationssysteme ein und orientieren sich je nach Umweltbedingungen entweder nach der Sonne, den Sternen oder dem Magnetfeld der Erde. Es scheint, dass sie zwei verschiedene Magnetsensoren besitzen und mindestens einen von ihnen jeden Abend durch schnelle Kopfbewegungen auf die Richtung der untergehenden Sonne einstellen. Der erste Sensor besteht wie bei Bakterien und Fischen aus Magnetitkristallen, befindet sich im Schnabel und misst vorwiegend die Stärke des Magnetfelds. Der zweite Sensor sitzt in den Augen und dürfte vor allem die Richtung der magnetischen Kraftlinien messen. Er besteht wahrscheinlich aus Farbstoffmolekülen, die in der Netzhaut des rechten Auges geometrisch präzise angeordnet sind. Licht könnte in diesen Molekülen eine chemische Reaktion auslösen, die durch das Magnetfeld der Erde je nach dessen Ausrichtung beschleunigt oder gehemmt wird. Dieses Magnetfeld ist zwar nur schwach, sollte jedoch nach quantenmechanischen Berechnungen dafür ausreichen. Der Farbstoff ist noch nicht mit Sicherheit bekannt, könnte aber der gleiche sein, der auch die Körperuhr höherer Tiere an den Tag-Nacht-Zyklus koppelt. Vögel brauchen somit für eine verlässliche Orientierung nicht nur magnetische Information, sondern auch Licht. Wie gerne wüsste ich, wie eine Brieftaube das Magnetfeld der Erde erlebt! Sieht sie es? Und, wenn ja, sieht sie es als Farbe oder als Muster? Sie könnte das Magnetfeld auch fühlen, schmecken oder riechen – je nachdem, wie ihr Gehirn die vom rechten Auge gelieferte Information interpretiert.

Könnte das Magnetfeld der Erde auch mich beeinflussen, ohne dass ich mir dessen bewusst bin? Auch in meinem Gehirn finden sich Magnetitkristalle, die denen von Magnetbakterien, Fischen und Zugvögeln ähneln, doch nichts deutet darauf hin, dass sie mir einen sechsten Sinn verleihen. Magnetheiler sind da anderer Meinung und versichern, dass die von ihnen angepriesenen magnetischen Ringe, Halsbänder, Amulette und Matratzen erstaunliche Heilkraft besitzen. Offenbar kommen sie damit bei vielen gut an, denn der jährliche Umsatz solcher Produkte beträgt weltweit über zwei Milliarden Dollar – obwohl es für eine Heilwirkung bisher keinen verlässlichen Beweis gibt. Im Gegenteil, alles spricht dafür, dass diese Methode nicht hält, was ihre Apostel uns versprechen. Schon Anton Messmers viel beachtete «Heilungen» durch «animalischen Magnetismus» im 18. Jahrhundert waren reine Quacksalberei und bestätigten nur die uralte Weisheit, dass der Glaube Berge versetzen kann. Wäre Molière nicht sechzig Jahre vor Messmers Geburt gestorben, hätte er ihm vielleicht mit einer beissenden Komödie über Magnetheiler ein wenig schmeichelhaftes Denkmal gesetzt. Dennoch kann ich es nicht mit Sicherheit ausschliessen, dass auch ich auf das Magnetfeld der Erde anspreche. Tatsächlich scheinen Änderungen des Magnetfelds den Gleichgewichtssinn und die Sehempfindlichkeit mancher Menschen zu beeinträchtigen. Könnte es sein, dass einige von uns einen überentwickelten Magnetsinn besitzen und deshalb geringe Verzerrungen des irdischen Magnetfelds durch Wasseradern oder Erzlager wahrnehmen können? Die Wirksamkeit von Wünschelruten ist zwar ebenso unbewiesen wie die von Magnetamuletten, doch wissenschaftlich plausibler.

Ich weiss so wenig von der Welt, die mich umgibt – und jede Frage zeigt mir aufs Neue die engen Grenzen meiner angeborenen Sinne. Oft scheint es mir, als würden diese Sinne immer bedeutungsloser, da sie die Signale unserer elektronischen Welt weder wahrnehmen noch genügend schnell verarbeiten können. Elektronische Signale bestimmen immer mehr meinen Alltag, geben mir jedoch oft das Gefühl, in einer fremden Welt zu leben, deren Sprache ich weder höre noch verstehe. Einsame Berggipfel, Wüsten, Meere und Wälder – sie alle umspült heute elektronisches Gewisper aus aller Welt. Verschlüsselte militärische Befehle und Zeitsignale auf kilometerlangen Radiowellen; Tagesnachrichten, Diskussionen und Musik auf Mittel-, Kurz- und Ultrakurzwellen; auf noch kürzeren Wellen dann Fernsehsendungen, Anweisungen an Flugzeugpiloten, Schiffskapitäne und interplanetare Sonden sowie das endlose Meer digitaler Signale aus Telefonen, Ortungssatelliten und dem Internet. Die Signale berichten von belanglosem Geplapper, Zärtlichkeit, menschlichen Tragödien, Kunstwerken, Terrorplänen, medizinischen Entdeckungen, Geldgeschäften,

Eiswüsten auf Jupitermonden, Bauplänen von Flughäfen, Computern und ganzen Städten. Dieses moderne Kommunikationssystem ist die gewaltigste und wunderbarste Maschine, die wir Menschen je geschaffen haben – doch diese Maschine spricht nicht zu mir, sondern zu andern Maschinen. Ihre Signale sind nicht aus meiner Welt. Ich vermag zwar auch das Pfeifen eines Murmeltiers, das Zwitschern eines Vogels oder den Duft einer Blume nicht zu entschlüsseln, doch schenken sie mir das Gefühl, Teil eines grossen Ganzen zu sein. Auch wenn ich das Magnetfeld der Erde nicht wahrnehmen kann.

Eisendämmerung

Zwei wissenschaftliche Revolutionen haben mein Leben geprägt: molekulare Biologie und digitale Elektronik. Jetzt erlebe ich eine dritte: die Revolution der intelligenten Werkstoffe. Seit Jahrtausenden wählten wir unsere Werkstoffe aus dem, was die Natur uns fertig gab. Heute ersinnen wir sie im Laboratorium, fertigen sie aus chemisch reinen Ausgangsstoffen und versehen sie mit Information zur Erfüllung bestimmter Aufgaben. Diese Revolution macht selbst unsere edelsten Stähle zu altem Eisen.

Eisen ist immer noch unser Werkstoff par excellence, wenn auch Aluminium, Magnesium, Titan, Glas und Keramik ihm immer mehr den Rang ablaufen. Sie alle sind jedoch, ebenso wie Eisen selbst, nur verfeinerte, umgeformte oder miteinander vermengte Naturstoffe.

Erste Vorboten der Werkstoffrevolution waren Versuche, Naturstoffe chemisch zu verändern, um ihnen neue Eigenschaften zu schenken. Der Schweizer Chemiker Georges Audemars behandelte bereits im Jahre 1855 Zellulose mit einer Mischung aus Schwefel- und Salpetersäure und entdeckte, dass sich das Produkt in Alkohol und Äther auflösen und dann zu feinen Fäden verspinnen liess. Dieses *Zelluloid* war zwar hoch feuergefährlich, bewährte sich aber als biegsames Stützmaterial für fotografische Emulsionen – und damit als Basis für die schnell wachsende Filmindustrie. Auch das Eiweiss von Milch liess sich mit Formaldehyd zu einem festen Werkstoff für Knöpfe und Schnallen umwandeln. Die eigentliche Revolution – und mit ihr ein neuer Abschnitt unserer Zivilisation – begann aber erst im Jahre 1909, als der Belgier Leo H. Baekeland aus zwei reinen Chemikalien ein vollsynthetisches Plastikharz schuf – das *Bakelit*. Dessen chemische Struktur war unbekannt; man wusste nur, dass in ihm die beiden Ausgangsstoffe unregelmässig und dreidimensional vernetzt waren. Bakelit war brüchig, unansehnlich braun und für die Herstellung von Fasern ungeeignet. Mit ihm begann jedoch der Siegeszug der synthetischen Werkstoffe – und damit das Ende der Eisenzeit.

Zwei Jahrzehnte später erfand der Deutsche Walter Bock den künstlichen Kautschuk *Buna* und der Amerikaner Wallace Carothers die künstliche Faser

Nylon. Beide Werkstoffe waren lange Ketten aus chemisch reinen Bausteinen, die sich aus Kohle, Wasser und Luft gewinnen liessen. Nylon bestand aus fadenförmigen Riesenmolekülen, in denen zwei verschiedene Bausteine etwa hundertmal Kopf an Schwanz miteinander verkettet waren. Kurz darauf doppelten deutsche Chemiker mit dem sehr ähnlichen *Perlon* nach, dessen Ketten nur einen einzigen Baustein enthielten. Nylon wurde zur Ikone der Nachkriegszeit: Die Flagge, die Neil Armstrong im Jahre 1969 auf dem Mond hisste, war aus Nylon. Nach den Erfolgen von Nylon und Perlon gab es kein Halten mehr. Die aufblühende Petrochemie lieferte die Basis für eine Unzahl vollsynthetischer neuer Werkstoffe und Fasern mit erstaunlichen Eigenschaften: Polyester für angenehme Kleider; durchsichtige und splitterfreie Polyacrylate; chemisch resistentes *Teflon*; billiges Polyvinylchlorid für die Bauindustrie; elastische Polyurethane – und schliesslich sogar organische Werkstoffe, die elektrischen Strom leiten oder ihn mit hoher Effizienz in Licht umwandeln. Viele dieser Eigenschaften liessen sich voraussagen oder fast nach Wunsch verändern, da bekannt war, wie sie von der chemischen Struktur abhingen.

Diese synthetischen Wunderstoffe waren Glanzleistungen eines Goldenen Zeitalters der Chemie. In meiner Jugend war die Chemie eine bewunderte Magierin, die uns nicht nur Nylon und Perlon schenkte, sondern auch DDT, *Saccharin*, brillante Farbstoffe sowie wirksame neue Waschmittel und Medikamente. Als ich mit fünf Jahren an Diphtherie erkrankte, rettete sie mir mit dem Farbstoff *Prontosil*, einem Vorläufer der heutigen Sulfonamide, das Leben. Doch all dies wurde schnell selbstverständlich und vergessen, denn Geschichte kennt keine Dankbarkeit. Vor einigen Jahrzehnten war die Chemie plötzlich eine Umweltverschmutzerin und ein Symbol für technologische Arroganz und Naturverachtung. Immer mehr Menschen misstrauten chemisch synthetisierten Medikamenten, so wirksam sie auch sein mochten. Und dann musste die Chemie ihren Glamourstatus an die molekulare Biologie abtreten. Die Chemie, einst bewunderter Star und dann böser Bube, war nun plötzlich ein alter Onkel.

Die Chemie ein alter Onkel? Der Vorwurf war ungerecht, aber dennoch nicht ganz aus der Luft gegriffen. Denn so grossartig die von Chemikern entworfenen neuen Werkstoffe auch waren – verglichen mit denen lebender Zellen waren sie primitiv. Je mehr wir über die Chemie des Lebens erfuhren, desto deutlicher erkannten wir die fast unvorstellbare Komplexität lebender Zellen. Die immense Information zum Bau einer menschlichen Zelle ist in unserem Erbgut gespeichert – fadenförmigen Riesenmolekülen aus DNS, welche die Baupläne für mindestens fünfundzwanzigtausend, vielleicht sogar hunderttausend verschiedene Eiweisstypen tragen. Jedes Eiweissmolekül ist, ähnlich wie Nylon, eine lange Kette. Während aber die Ketten eines Nylonfadens nur zwei verschiedene Bausteine enthalten und grösstenteils gestreckt und parallel zueinander verlaufen, haben Eiweissketten zwanzig verschiedene Bausteine und falten sich in der Zelle zu präzise verschlungenen Knäueln. Dank diesem komplizierten Aufbau können sie sehr unterschiedliche chemische Eigenschaften haben und viele verschiedene Funktionen erfüllen. Eiweisse bewerkstelligen nicht nur den Stoffwechsel und die Kommunikation zwischen den Zellen, sondern sind auch Stütz- und Werkstoffe – wie das Kollagen unserer Sehnen und Knorpel oder das Keratin unserer Haut und unserer Haare. Trotz aller Unterschiede haben die Eiweisstypen unseres Körpers eines gemeinsam: sie verkörpern viel mehr Information als eine Nylonfaser oder ein rostfreier Stahl. Deshalb können sie viel anspruchsvollere Aufgaben erfüllen und sich an veränderte Bedingungen anpassen. Ihre Stabilität ist nicht statisch, sondern dynamisch.

Chemiker lassen sich von diesem Beispiel inspirieren und bauen heute hochkomplexe Werkstoffe, denen sie Information zur Erfüllung bestimmter Aufgaben einpflanzen. Eindrückliches Beispiel dafür ist die neueste Generation bioaktiver Implantate.

Noch vor fünfzig Jahren entwickelten wir Gewebe ersetzende Implantate durch blindes Ausprobieren; deshalb erkannte sie unser Körper meist schnell als fremd und stiess sie wieder ab. Erst als wir mehr über die Immunabwehr und die Entzündungsmechanismen unseres Körpers lernten, konnten wir Implantate rationell entwickeln. Diese rationell entwickelten Implantate der ersten Generation waren chemisch inert und in ihren physikalischen Eigenschaften den zu ersetzenden Körperteilen möglichst ähnlich. Wir bauen sie auch heute noch – aus besonderen Stahllegierungen, aus Titan oder Kunststoffen – und können mit ihnen akute immunologische oder entzündliche Reaktionen weitgehend vermeiden. Dennoch erkennt unser Körper sie immer noch sehr oft als fremd, sodass sie früher oder später versagen.

Der nächste Schritt waren Implantate der zweiten Generation, die entweder vom Körper resorbiert werden oder bioaktiv sind – nicht aber beides. Was bedeutet «bioaktiv»? In den letzten zwei Jahrzehnten haben wir viele der chemischen Signale entziffert, mit denen Zellen und Gewebe ihr Wachstum und ihre Heilung steuern. Ein Grossteil dieser Kommunikation spielt sich zwischen den Zelloberflächen ab. Diese senden unaufhörlich Eiweissmoleküle aus, die sich an andere Zellen anheften und diesen befehlen: «Höre sofort auf zu wachsen, denn jetzt bin ich hier»; oder «Wachse möglichst schnell in meine Richtung, damit wir gemeinsam ein Gewebe bilden können»; oder auch «Begehe Selbstmord, denn du stehst mir im Wege». Jedes Gewebe unseres Körpers ist ein summender Bienenschwarm, in dem unzählige Meldungen hin und her schwirren. Dies gilt auch für die scheinbar inerten Knochenzellen. Bioaktive Implantate ahmen die komplexe und informationsreiche Struktur von Zelloberflächen nach, um sich in das Gespräch zwischen Zellen einzumischen. Zu diesem Zweck enthalten sie Eiweisse oder andere Stoffe, die das Wachstum von Zellen steuern.

Implantate der zweiten Generation sind zum Beispiel vollsynthetische chirurgische Fäden, die unser Körper zu Kohlendioxid und Wasser abbauen kann. Weitere Beispiele sind Implantate aus Titan oder Keramik, deren Oberfläche das Wachstum von Knochenzellen anregt. Da Zellen nicht nur auf chemische Botenstoffe, sondern auch auf die Feinstruktur einer Oberfläche ansprechen, haben viele dieser Implantate eine mit den Werkzeugen der Nanotechnologie gemeisselte Oberfläche mit winzigen Dellen oder Rillen, die hundert- bis tausendmal kleiner sind als eine Körperzelle. Dennoch versagen immer noch etwa ein Drittel bis die Hälfte aller Skelettprothesen der ersten und zweiten Generation nach zehn bis zwanzig Jahren – und diese Abstossrate hat sich in den letzten Jahrzehnten nicht wesentlich verringert. Ein Grund dafür ist, dass klinische Versuche zur Entwicklung neuer Prothesen sehr langwierig und deshalb ausserordentlich teuer sind.

Die dritte und neueste Generation von Implantaten wird vom Körper nicht nur resorbiert, sondern ist auch bioaktiv. Diese neuen Implantate sind also wesentlich informationsreicher und damit intelligenter als ihre Vorgänger. Sie werden ein Gewebe zunächst ersetzen, dann seine Heilung anregen und sich schliesslich auflösen.

Die Baustoffe lebender Zellen inspirieren uns auch immer häufiger bei der Entwicklung von neuartigen Werkstoffen für unseren täglichen Gebrauch. Perlmutter, die irisierende Schicht des Inneren von Muschelschalen, ist deswegen so hart und widerstandsfähig, weil sich in ihm dicke Schichten von hartem Kalziumkarbonat mit hauchdünnen Schichten aus elastischem Eiweiss abwechseln. Da die Eiweissschichten nur in feuchtem Zustand elastisch sind, ist feuchtes Perlmutter doppelt so widerstandsfähig wie trockenes. Die harten und extrem biegsamen Stacheln von Meeresschwämmen haben einen ähnlichen Schichtenaufbau, wobei jedoch die harten Schichten aus Siliziumdioxid bestehen. Wir versuchen derzeit, die Nanostruktur dieser Biomaterialien nachzuahmen, um künstliche Werkstoffe mit ungewöhnlichen Eigenschaften zu schaffen.

Wissenschaft lebt jedoch nicht nur von Erkenntnissen, sondern auch – und vielleicht vor allem – von Träumen. Einer dieser Träume ist es, die informationsreichste aller Materieformen nachzubauen: eine lebende Zelle. Dies hätte nicht nur philosophische Brisanz, sondern auch praktische Auswirkungen. Im Laboratorium massgeschneiderte Lebewesen könnten viel wirksamer als natürliche das Sonnenlicht einfangen, Äcker biologisch düngen, Umweltgifte zerstören oder Erze an unzugänglichen Orten schürfen.

Wie einfach kann eine lebende Zelle sein? Biologen entdeckten vor Kurzem ein Bakterium, das lediglich 182 Eiweisstypen besitzt. Es ist das einfachste Lebewesen, das wir kennen. Wegen seiner kümmerlichen Eiweiss-Aussteuer kann es viele seiner eigenen Bausteine nicht mehr herstellen und muss deshalb als Parasit im Inneren von Insektenzellen hausen. Wahrscheinlich dürfte ein Bakterium aber nur wenig mehr Eiweisstypen benötigen – vielleicht nur zwei- bis vierhundert –, um frei leben zu können.

Das dafür notwendige Erbgut können wir schon jetzt im Laboratorium bauen. Vor vier Jahren synthetisierte der amerikanische Molekularbiologe Craig Venter mit chemischen Robotern das vollständige Erbgut eines Virus und konnte damit lebende Zellen infizieren und töten. Vor Kurzem gelang es ihm und seiner Arbeitsgruppe, auch das fast hundertmal grössere Erbgut eines einfachen Bakteriums herzustellen und durch Austausch des gesamten Erbguts eine Bakterienart in eine andere umzuwandeln. Damit hat Menschenhand zum ersten Mal ein halbsynthetisches Lebewesen erschaffen.

Die nächsten Schritte würden wahrscheinlich davon abhängen, wofür wir ein solches Lebewesen einsetzen wollen. Wenn es ein Umweltgift zerstören soll, könnten wir zunächst ein möglichst einfaches natürliches Bakterium auswählen, das dieses Gift abbauen kann. Wir könnten die für Fortpflanzung und Giftabbau notwendigen Teile des Bakterien-Erbguts mit chemischen Methoden auf höchste Leistung steigern und dann alle andern Teile des Erbguts entfernen. Mit diesem massgeschneiderten und stark verkleinerten Erbgut könnten wir schliesslich das ursprüngliche Erbgut des Bakteriums ersetzen. Ethiker sehen dabei keine Probleme, doch die Vision von «künstlichem Leben» weckt unweigerlich Ängste. Wie schon in der Frühzeit der Biotechnologie wird es strenge Regeln brauchen, um unvorhersehbare Unfälle mit diesen halbsynthetischen Lebensformen (oder sind es Werkstoffe?) zu verhindern. Sehr viel später werden wir es wahrscheinlich wagen, vollsynthetische einzellige Lebewesen zu schaffen und ihnen Eigenschaften zu geben, die heute unvorstellbar sind.

Lebende Materie ist die komplexeste Materie, die wir kennen. Sie ist das Ergebnis von fast vier Milliarden Jahren Entwicklung und zeigt uns den Weg zu den Werkstoffen kommender Generationen. Ist es Hybris, sie nachzubauen und dann für unsere Zwecke umzuformen? Dürfen wir Welten betreten, die wir bisher als göttlich scheuten? Und werden lebensähnliche Werkstoffe die Spitzentechnologie unserer Enkelkinder prägen? Die Revolution der intelligenten Werkstoffe hat kaum erst begonnen – und dennoch bauen wir bereits an künstlicher Materie, die um viele Grössenordnungen informationsreicher ist als alles, was wir bisher geschaffen haben. Warum sind wir Menschen nie zufrieden? Könnte es sein, dass informationsreiche Materie stets nach mehr Information hungert? Und wäre dies nicht wunderbar?

Erdfieber

Reich und wundersam sind die Früchte vom Baum der Wissenschaft, doch sie nützen nur dem, der ihnen Zeit zur Reife gönnt. Wer sie unreif pflückt, erntet meist Verwirrung. Wissenschaft gedeiht deshalb am besten fernab von Zwang und Macht.

Auch Demokratien fordern von uns Wissenschaftlern Wissen und Konsens – wir aber beschäftigen uns meist mit Unwissen und Widerspruch. Zu beiden haben wir ein gespaltenes Verhältnis: wir suchen sie – und misstrauen ihnen dann. Wir sind uns bewusst, dass die wissenschaftliche Wahrheit von heute schnell zum Irrtum von gestern werden kann. Und von Karl Popper wissen wir, dass es nicht die Bestätigung, sondern die Widerlegung einer Hypothese ist, die uns neue Erkenntnis beschert. Der Journalist Walter Lippmann sagte es einfacher: «Wo alle gleich denken, denkt keiner besonders viel.»

Wie also sollen Wissenschaftler antworten, wenn man sie nach der Ursache der Klimaerwärmung fragt? Dürfen sie antworten «Wir sind uns ihrer noch nicht sicher» – wie sie es sollten? Oder müssen sie trotz etwaiger Zweifel eine eindeutige Ursache nennen – wie man es von ihnen erwartet? Wer es wagt, den ersten Weg zu wählen, wird heute schnell zur Zielscheibe gehässiger Kritik und als «Skeptiker» verunglimpft – als wäre Skepsis nicht eine der wichtigsten wissenschaftlichen Tugenden. Die Argumente für eine eindeutige Ursache der Klimaerwärmung klingen allerdings überzeugend: Auf unserem Planeten wird es wärmer; Kohlendioxid reichert sich in der Lufthülle an; dieses Gas verhindert die Abstrahlung von Erdwärme in den Weltraum; die Verbrennung von Fossilbrennstoffen erzeugt jährlich dreissig Milliarden Tonnen dieses Gases; also ist die Klimaerwärmung ein Werk von Menschenhand.

Die vier ersten Behauptungen sind unbestritten. Die fünfte ist es jedoch nicht, denn sie stützt sich nicht auf direkte Experimente. Treibt der Anstieg des Kohlendioxids die Erwärmung – oder diese den Anstieg des Kohlendioxids? Um diese Frage klar zu beantworten, müssten wir eine, und nur eine Komponente des Klimasystems unserer Erde in streng kontrollierter Weise verändern und die Auswirkung dieser Veränderung auf die andern Komponenten messen. Solche «direkten» Experimente sind aber entweder unmöglich oder viel zu gefährlich, sodass Klimaforscher auf das wirksamste Werkzeug der Wissenschaft verzichten müssen. Sie sind deshalb gezwungen, sich mit Berechnungen, Extrapolationen und Korrelationen zu begnügen, die jedoch nie so eindeutige Antworten liefern können wie ein direktes Experiment. Eine Korrelation, mag sie noch so augenfällig sein, kann grundsätzlich keinen ursächlichen Zusammenhang beweisen. Die Korrelation zwischen Jahreszeit und Umwelttemperatur ist uns seit Jahrtausenden bekannt, doch wir verstehen sie erst, seit wir wissen, wie die Erde um die Sonne kreist. Ähnliches gilt für Extrapolationen und theoretische Modelle. Um ihren Wahrheitsgehalt zu überprüfen, greifen wir zu Simulationen: Wir errechnen mit leistungsstarken Computern, wie sich die Veränderung einer Komponente des Klimasystems laut einem Modell oder einer Extrapolation auf das Erdklima auswirken sollte. Wie stark erwärmt sich die Atmosphäre, wenn ihr Gehalt an Kohlendioxid um dreissig Prozent steigt? Solche Berechnungen erfordern den Einbezug immens vieler Daten, die wir oft nur grob abschätzen können oder gar nicht kennen. Stimmt das Ergebnis der Simulation mit den gemessenen Klimadaten überein, werten wir dies als Hinweis für die Richtigkeit des Modells oder der Extrapolation. Ein Hinweis ist jedoch kein Beweis. Die meisten der so errechneten Klimavoraussagen sind daher nicht viel mehr als rechnerisch gestützte Vermutungen. Das Klimasystem unseres Planeten ist so komplex, dass wir noch nicht einmal alle Faktoren kennen, die es beeinflussen. Neben den viel diskutierten «Treibhausgasen» Kohlendioxid, Methan, Stickoxiden und Wasserdampf sind es unter anderem Schwankungen der Sonnen- und der Weltraumstrahlung, Positionsänderungen der Erdachse, Verschiebungen der Kontinente und der Meeresströmungen, wechselnde Durchsichtigkeit der Lufthülle, Änderungen der Pflanzendecke sowie die Evolution neuer Pflanzenformen. Angesichts dieser Komplexität wäre es mehr als kühn, das Wetter kommender Jahrzehnte prophezeien zu wollen.

Und doch versuchen wir, uns diesem Ziel zu nähern. Da wir keine direkten Experimente durchführen können, schärfen wir die stumpfen Werkzeuge Korrelation, Berechnung und Simulation so gut wir können und versuchen, möglichst viele der Vorgänge aufzudecken, die das Klima unseres Planeten beeinflussen. Es ist ein langer und steiniger Weg, von dem wir nicht wissen, wann er uns zum Ziel führen wird. Er hat uns jedoch vor vier Jahrhunderten die Ursache der Jahreszeiten aufgedeckt und eröffnet uns heute atemberaubende Einblicke in das Erdklima vor Tausenden, Millionen und sogar fünfhundert Millionen Jahren. Unsere Fernrohre für diesen Blick in die Vergangenheit sind die unterschiedlich schweren Varianten chemischer Elemente – die sogenannten «Isotope». Die verschiedenen Isotope eines Elements sind chemisch fast identisch, reagieren jedoch nicht gleich schnell und verleihen den Verbindungen, in denen sie vorkommen, leicht unterschiedliche Eigenschaften. Wasser, das aus «schweren» Isotopen von Wasserstoff und Sauerstoff besteht, verdunstet bei niedriger Temperatur langsamer und schlägt sich im Regen schneller nieder als Wasser aus den «leichten» Isotopen. In kühlen Klimaperioden steigt deshalb in den Ozeanen der Anteil der schweren im Verhältnis zu den leichten Wasserstoff- und Sauerstoffisotopen. Diese subtile Verzerrung des Isotopenspektrums spiegelt sich in den Kalkhüllen der Meerestiere wider; und da diese Hüllen schliesslich zu Kalkgestein werden, ist dessen Isotopenspektrum ein Hinweis auf die Wassertemperatur, bei der die Tiere einst lebten. Das Spektrum der verschiedenen Kohlenstoffisotope im Kalkgestein erlaubt zudem

Rückschlüsse auf den Kohlendioxidgehalt urzeitlicher Atmosphären. Ähnliches gilt für Gasbläschen in uralten Eisproben, die Klimaforscher den arktischen Gletschern mit kilometertiefen Bohrungen entreissen und dann auf ihr Isotopenspektrum untersuchen. In den hochempfindlichen Messgeräten der Klimaforscher beginnen Gestein und Eis zu uns zu sprechen.

Was sie berichten, ist überwältigend – und oft verwirrend. Während der letzten fünfhundert Millionen Jahre war unsere Lufthülle mehrmals bis zu zehnmal reicher an Kohlendioxid als heute, ohne dass sich das Klima dramatisch aufgeheizt hätte. Obwohl die Konzentration an Kohlendioxid heute um siebenundzwanzig Prozent höher ist als in den letzten sechshundertfünfzigtausend Jahren, ist sie immer noch fast viermal tiefer als vor hundertfünfundsiebzig Millionen Jahren. Einige Messungen finden deutliche Korrelationen zwischen Kohlendioxidgehalt und Erdtemperatur, andere dagegen nicht. Und obwohl sich die Hinweise häufen, dass wir Menschen an der Klimaerwärmung zumindest mitschuldig sind, besteht kein Zweifel, dass das Erdklima über lange Perioden markant und ohne erkenntliche Ursache schwankte. Gestein und Eis erzählen das Epos eines eigenwilligen und rastlosen

Planeten, der zwar schon in seiner Lebensmitte steht, aber immer noch voller Überraschungen ist. Wer dem Epos aufmerksam lauscht, wird sich bewusst, dass wir das Erdklima derzeit nur sehr unvollständig verstehen und deshalb nicht mit Sicherheit voraussagen können. Man erwartet von der heutigen Wissenschaft, dass sie den fiebernden Planeten heilt, doch wie ein Arzt vergangener Zeiten kann sie nur seinen Puls fühlen und Ratschläge geben, die wissenschaftlich noch nicht zweifelsfrei belegt sind.

Die Debatte zum Erdklima ist heute oft so emotional und intolerant, dass sie fatal an die Religionskriege vergangener Zeiten erinnert. Kein Wunder, dass viele Wissenschaftler es nicht wagen, ihre Zweifel öffentlich zu bekennen. Sie würden sich damit nicht nur persönliche Angriffe vieler Kollegen einhandeln, sondern auch die Mächtigen dieser Welt ermutigen, die Ressourcen unseres Planeten unbekümmert weiter zu vergeuden. Braucht es aber wirklich Kassandrarufe von überfluteten Küstenstädten und biblischen Insektenplagen, um den Wahnwitz dieser Vergeudung einzusehen und ihm Einhalt zu gebieten? Um uns ein Liter Erdöl zu schenken, musste die Sonne einen Quadratmeter der Erdoberfläche viele Jahre lang bescheinen. Und wir verbrennen dieses kostbare Erbe verflüssigter Sonnenenergie – das noch dazu exquisiter Rohstoff für unzählige chemische Produkte ist –, als gäbe es kein Morgen. Wenn auch unsere Rolle bei der jetzigen Klimaveränderung noch nicht eindeutig bewiesen ist, sollte schon der blosse Verdacht uns Grund genug sein, für eine verantwortungsvolle Energiepolitik zu kämpfen. Die Chancen, damit Erfolg zu haben, stehen nicht gut: «Im Allgemeinen freilich haben die Weisen aller Zeiten immer dasselbe gesagt, und die Thoren, d. h. die unermessliche Majorität aller Zeiten, haben immer das Selbe, nämlich das Gegenteil, gethan: und so wird es denn auch ferner bleiben.» Ich hoffe, Arthur Schopenhauer war nur Pessimist – und nicht Prophet.

Gespräch mit einem Architekten

Sie sind also der Architekt, der unser neues Forschungsinstitut entwerfen soll? Schön, dass Sie dazu meine Meinung wissen wollen. Wir Wissenschaftler werden bei solchen Dingen ja meist nur dann befragt, wenn die Pläne schon fix und fertig sind. Mit architektonischen Ratschlägen kann ich Ihnen zwar nicht dienen, doch kann ich Ihnen ein wenig davon erzählen, wie wir Forscher arbeiten und was uns dabei wichtig ist. Sie könnten natürlich auch Soziologen fragen. Aber obwohl diese Ihnen akribisch die hintersten Winkel einer Forscherpsyche und die ideale Form wissenschaftlicher Arbeitsräume erläutern würden, wäre es doch nur Wissen aus zweiter Hand. Der geniale Physiker Richard Feynman hat einmal behauptet, Wissenschaftsphilosophie sei für die Wissenschaft ebenso wichtig wie Ornithologie für die Vögel. Wahrscheinlich hätte er das Gleiche über Wissenschaftssoziologie gesagt, denn seine Zunge war kaum weniger scharf als sein Gehirn.

Bevor Sie zu planen beginnen, sollten Sie wissen, welcher Art von Forschung Ihr Gebäude dienen soll. Wir Forscher wollen zwar alle etwas Neues finden, gehen dabei aber verschiedene Wege. Forschung ist eben nicht gleich Forschung. «Angewandte» Forschung hat ein klares Ziel und feste Zeitvorgaben, während «Grundlagenforschung» sich ihr Ziel selbst sucht und deshalb meist keinem präzisen Zeitrahmen gehorcht. Viele spielen diese zwei Arten von Forschung gegeneinander aus, wobei sie angewandte Forschung meist als Fron für den schnöden Mammon und Grundlagenforschung als hehren Dienst an der Wissenschaft betrachten. Diese Klischees sind unsinnig, denn beide Arten von Forschung sind für unsere Gesellschaft wichtig, und beide erfordern Talent, Motivation und Ausdauer. Und da heute fast alle Resultate der Grundlagenforschung früher oder später praktische Anwendung finden, sollten wir besser von kurzfristiger und langfristiger Forschung sprechen. Es wäre schön, wenn Ihr Gebäude beiden Arten von Forschung als Heim diente und dazu beitrüge, dass die verschiedenen Forscher sich nicht voneinander abschotten, sondern gegenseitig anspornen und inspirieren. In der heutigen Wissenschaft ist ja die Grenze zwischen kurz- und langfristiger Forschung oft schwer auszumachen – und Grenzen zu überschreiten ist schliesslich das Ziel jeder innovativen Forschung.

Trotz ihrer Gemeinsamkeiten haben kurz- und langfristige Forschung ihren eigenen Charakter und ihre eigenen Bedürfnisse. Wenn es darum geht, eine konkrete, theoretisch bereits gesicherte Idee zu verwirklichen – wenn also das Ziel klar im Visier ist –, können kluge Organisation und Bündelung vorhandenen Wissens oft sehr hilfreich sein. Weltweite, elektronisch vernetzte Matrixstrukturen und vorgegebene *milestones* haben hier durchaus ihre Berechtigung – sofern sie die Forscher nicht mit Jetlag, überfrachteten Powerpoint-Präsentationen und endlosen Sitzungen ungebührlich belasten. Nicht so in der langfristigen Forschung. Hier ist es meist nicht klar, wohin die Reise geht, wie lange sie dauern könnte und ob sie je Erfolg haben wird. Eine Phalanx bringt hier weniger als einzelne Späher, die es wagen, sich intuitiv auf fremdes Terrain vorzutasten. Auch solchen Spähern kann Vernetzung helfen, doch sie muss sich spontan ergeben und darf weder hierarchisch noch von oben gesteuert sein. Die langfristige Forschung gebiert ihre neuen Ideen meist nicht in Sitzungszimmern oder Jahresplänen, sondern in Kantinen und auf Papierservietten.

Sie wollen wissen, woran Sie eine neue Idee erkennen? Sie erkennen sie daran, dass sie überrascht. Je grösser Ihre Überraschung, desto neuer ist die Idee. Das Gleiche gilt übrigens auch für ein Kunstwerk, denn künstlerische und wissenschaftliche Kreativität schöpfen aus den gleichen rätselhaften Quellen, die zutiefst Teil unserer Individualität sind. Es gibt ja nicht nur langweilige Wissenschaft, sondern auch langweilige Kunst und – pardon – langweilige Architektur.

Wie entstehen neue Ideen? Wie kommt es (um mit Albert Szent-Györgyi zu sprechen), dass einige von uns sehen, was jeder sieht, dabei aber denken, was noch keiner gedacht hat? Ich weiss es nicht, obwohl mich das Wunder menschlicher Schöpferkraft schon immer fasziniert hat. Vielleicht gelingt es einigen von uns, die Spielfreude und naive Neugier ihrer Kinderzeit in das Erwachsenensein hinüberzuretten. Kinder treibt diese intuitive Spielfreude dazu, einen Hut verkehrt herum aufzusetzen oder komische neue Worte zu erfinden. Kreativen Forschern hilft sie, intuitiv zu erahnen, dass der von allen gesuchte Weg von A nach C nicht über B führt, sondern vielleicht über Y oder Z. Was immer die Erklärung sein mag – die Wissenschaftsgeschichte lehrt uns, dass wir die meisten neuen Ideen nicht Institutionen oder Gruppen, sondern einzelnen begabten Menschen verdanken, die nicht nur intelligent und beharrlich, sondern auch mutig sind. Denn es braucht Mut, um allgemein akzeptierte Dogmen zu hinterfragen und gegen den Strom zu schwimmen. Und es braucht Beharrlichkeit, damit Mut und Intelligenz ihre Kraft entfalten können. Nur wer beharrlich und mutig gegen den Strom schwimmt, kann neue Quellen entdecken.

Macht und Hierarchie sind Todfeinde neuer Ideen, weil sie deren freien Wettstreit hemmen. Obwohl auch Forschung nie ganz auf Hierarchie verzichten kann, muss sie stets danach trachten, diese Hierarchie so flach wie möglich zu halten. Der ideale Nährboden für neue Ideen ist das «kontrollierte Chaos», das nur wenige Forscherpersönlichkeiten erschaffen und über längere Zeit aufrechterhalten können. Alter und offizielle Stellung müssen dabei möglichst im Hintergrund bleiben, denn in der wissenschaftlichen Forschung ist die Unbekümmertheit der Jugend oft klüger als die Weisheit des Alters.

Warum ich Ihnen dies alles erzähle? Weil Sie als Architekt massgeblich mitentscheiden, ob Ihr Gebäude ein Geburtsort für neue Ideen sein wird. Sie müssen nämlich das «kontrollierte Chaos» miterschaffen. In Ihrem Gebäude sollen sich Forscher möglichst oft und zufällig treffen – auf breiten, hellen Korridoren, in gemütlichen Kaffeenischen oder in Kantinen, die zum Gespräch einladen. Die grösste Gefahr droht einem Forschungsgebäude von seinen Innenwänden. Der Unterschied zwischen einer physischen und einer intellektuellen Trennwand ist sehr viel kleiner, als man oft glaubt. Ihr Gebäude sollte ein Reaktionsgefäss werden, in dem Menschen und Ideen möglichst oft aufeinandertreffen – wie Moleküle, die miteinander reagieren sollen. Wir Chemiker wissen, dass die Moleküle sich dafür möglichst eng berühren und dabei auch noch eine Energiebarriere überwinden müssen. Wegen dieser Barriere bleiben die meisten Berührungen ergebnislos, doch manchmal führt eine von ihnen dennoch zu einer Reaktion, die Neues gebiert. Wir Chemiker nennen diese reaktionshemmende Barriere Aktivierungsenergie – und versuchen, sie durch Zugabe von Katalysatoren herabzusetzen. Jetzt wissen Sie, was wir Forscher von Ihnen erhoffen: Ihr Gebäude soll die Hemmschwellen für die Geburt von Neuem verringern. Um es chemisch auszudrücken: Ihr Gebäude soll ein Katalysator sein.

Das Wiener Kaffeehaus vergangener Zeiten war so ein Katalysator. Viele grosse Dichter und Philosophen hielten in «ihrem» Kaffeehaus täglich Hof.

Sie sassen dabei stets am gleichen Tisch, der in keinem Organigramm festgelegt war, aber dennoch von allen respektiert wurde. Es gab zwar Hierarchie, aber es war die des Verstandes und des Erfolgs. Keiner weiss genau, wie viel Geistreiches, Bedeutendes und auch Folgenschweres in diesem kontrollierten Chaos das Licht der Welt erblickte. Franz Grillparzer, Karl Kraus, Arthur Schnitzler, Vertreter des Wiener Positivismus – sie alle waren hier zu treffen. Auch ein Herr Leib Bronschtein brütete im Wiener «Café Central» mit Gleichgesinnten seine weltbewegenden Ideen aus. Vielleicht ist es aber besser, Sie vergessen ihn gleich wieder, denn er nannte sich später Trotzki und wäre für Ihr Gebäude kein geeignetes Maskottchen.

Ein gut geplantes Forschungsgebäude ist aber nicht nur ein Katalysator, sondern auch ein Ausrufezeichen. Wie jedes Bauwerk markiert es Präsenz, Selbstvertrauen, Glauben an die Zukunft und oft auch Machtanspruch. Da Ihr Gebäude der biomedizinischen Forschung dienen soll, wird es ein markantes Ausrufezcichen zur Chemie und zur Biomedizin.

Das Ausrufezeichen kommt zur rechten Zeit, denn diese beiden Wissenschaften sind heute in Bedrängnis. Chemisch oder biotechnologisch erzeugte Medikamente mögen noch so wirksam sein –

breiten Kreisen der Bevölkerung sind sie verdächtig. Immer mehr Menschen bevorzugen heute Medikamente, die entweder die magische Aufschrift «Auf pflanzlicher Basis» tragen oder «homöopathisch» – und somit meist absurd verdünnt sind. Viele «Medikamente» in den Schaufenstern unserer Apotheken sind fast oder ganz unwirksam. Ein Ausrufezeichen in Gestalt eines neuen Forschungsgebäudes kommt da gerade richtig.

Jedes neue Forschungsgebäude ist aber auch ein Fragezeichen. Wird es sich mit begabten und begeisterungsfähigen Forscherinnen und Forschern füllen und neue Ideen fördern? Wird es eine vibrierende Stätte der Wissenschaft werden? Wir alle kennen das traurige Gefühl, wenn uns Kollegen in ehrgeizigen Entwicklungsländern mit grossem Stolz ein imposantes, aber fast menschenleeres Forschungsinstitut zeigen, in dem die modernsten Geräte unbenützt vor sich hin schlummern. So schwierig es ist, ein gutes Institutsgebäude zu planen und zu errichten – ihm Leben einzuhauchen, ist noch viel schwieriger. Trachten Sie danach, dass Ihr Gebäude nicht nur den neuesten Anforderungen der Forschung gerecht wird, elegant aussieht und wenig Energie verbraucht, sondern dass Menschen sich in ihm auch wohlfühlen. Dies ist in der Forschung wichtiger als in vielen andern Berufen, denn wir Forscher stehen fast immer unter grossem psychischem Druck. Die meisten Experimente bringen uns nicht das erhoffte Ergebnis – und nicht wenige von ihnen machen jahrelange Anstrengungen zunichte. Viele von uns kommen zudem aus fernen Ländern oder haben einen Partner, der sich in der ungewohnten Umgebung noch nicht zurechtgefunden hat und unglücklich ist. Da ist alles willkommen, was beruhigend wirkt und Spannungen abbaut.

Ich soll raten, was in Ihrem Gebäude an Neuem entdeckt werden könnte? Dies kann ich leider nicht, denn wenn ich es könnte, wäre das Entdeckte nicht wirklich neu. Ich hoffe jedoch, dass Ihr Gebäude uns möglichst viele grossartige Überraschungen schenken wird.

Die letzten Tage der Wissenschaft

Leben duldet kein ungehemmtes Wachstum. Wenn eine Spezies sich zu sehr vermehrt, lockt sie Räuber oder Parasiten an, die an ihr zehren und sie sogar vernichten können. Diesem unerbittlichen Gesetz fielen auch die einst so erfolgreichen Wissenschaftler zum Opfer. Sie regierten die Welt und verunsicherten sie mit Ideen und Entdeckungen, um die niemand sie gebeten hatte. Sie waren bereits auf gutem Wege, die «dunkle Materie» des Universums und die Arbeitsweise unseres Gehirns zu verstehen, und hätten vielleicht sogar die Grammatik der menschlichen Ursprache aufgedeckt, wenn sie genügend Zeit zum Nachdenken gehabt hätten. Doch plötzlich zerstückelten Parasiten ihnen diese Zeit zu zielloser Geschäftigkeit. Diese zeitspaltenden «Chronoklasten» lebten von der Zeit anderer, so wie wir von der Nahrung oder Pflanzen vom Sonnenlicht.

Chronoklasten hatten seit je zusammen mit Wissenschaftlern gelebt. Sie sahen diesen täuschend ähnlich, liessen sich aber daran erkennen, dass sie an Kongressen stets um die gefeierten Stars herumschwirrten, diese ausschliesslich beim Vornamen nannten und bei deren Vorträgen in der vordersten Reihe sassen. Sie besassen einen hochempfindlichen Sensor für Berühmtheit und verströmten einen Lockstoff, der rückhaltlose Bewunderung und Ergebenheit vorspiegelte. Damit erreichten es Chronoklasten meist ohne grosse Mühe, zu einem Vortrag eingeladen zu werden und auf diese Weise ihrem unfreiwilligen Gastgeber mindestens zwei wertvolle Arbeitstage zu geistiger Makulatur zu zerstückeln. Besonders einfallsreiche Chronoklasten wussten es sogar einzufädeln, dass der eine oder andere Wissenschaftler sie für einen unbedeutenden wissenschaftlichen Preis oder ein Ehrendoktorat an einer drittklassigen Universität vorschlug – und dann wohl oder übel ungezählte Stunden mit dem Verfassen lobender Gutachten oder in Fakultäts- oder Preiskomitees vergeuden musste.

Wissenschaftler hatten allerdings gelernt, sich gegen diese Frühformen der Chronoklasten zu wehren. Sie behandelten sie mürrisch und herablassend, liessen ihre Briefe unbeantwortet, machten auf Kongressen um sie einen weiten Bogen und gingen manchmal so weit, sie den Unbilden einer Universitätskantine auszusetzen. Sie entrannen ihnen damit zwar nicht, konnten sie aber unter Kontrolle halten und als unwillige Wirte mit ihnen im Gleichgewicht leben. Viele Wissenschaftler hofften, dies würde immer so bleiben.

Doch die Wirte hatten die Rechnung ohne den Parasiten gemacht. Als Wissenschaftler für ihre Forschung immer mehr Geld benötigten und deshalb zum Spielball von Politik und Verwaltung wurden, unterschätzten sie die ihnen daraus drohende Gefahr und vergruben sich wie eh und je in ihren Laboratorien und Bibliotheken. Die Parasiten hingegen nutzten ihre Chance und mutierten zu einer hoch virulenten Form, die im Handumdrehen Ministerien und Universitätsverwaltungen unterwanderte und die Zeit der Wissenschaftler nun über diese mächtigen Organisationen vernichtete. Statt Sensoren und Lockstoffen verwendeten diese modernen Chronoklasten nun einschüchternde Kommandolaute wie *intra-*, *trans-* und *multidisziplinär*, *Schwerpunkt*, *Master Plan*, *Portfolio*, *Center of Excellence*, *relevant*, *Governance*, *Vision*, *multifokal*, *Ranking*, *Impact Factor*, *Fokussierung*, *Vernetzung* oder *Effizienz*. Was diese Laute bedeuteten, welcher Sprache sie angehörten und ob sie überhaupt als Sprache zu werten waren, ist bis heute ungeklärt. Chronoklasten inspirierten sich zudem an der Computertechnik und erfanden die *Massive Parallel Infection* – den elektronischen Massenversand kurzfristiger Aufforderungen zu langfristigen *Master Plans*. Dank dieser *on-line Governance* konnten sie nun ihren Opfern mit einem einzigen Mausklick gewaltige Zeitmengen entreissen und *multifokal* vernichten.

Selbst dies hätte jedoch nicht genügt, um die Wissenschaftlerspezies an den Rand der Ausrottung zu treiben, denn wie alle Parasiten mussten auch Chronoklasten danach trachten, sich ihre eigenen Wirte zu erhalten. Das Wechselspiel zwischen Wirten und Parasiten ist jedoch ein listenreicher Kampf, der manchmal unerwartete Wendungen nimmt. Wissenschaftler fanden nämlich Gefallen daran, nicht mehr nachdenken zu müssen, sondern nur noch Fragebögen auszufüllen oder fantasiereiche *Master Plans* zu komponieren. Am liebsten schrieben sie jedoch Jahresberichte. Sie wussten zwar, dass niemand diese lesen würde, konnten sie aber auf Hochglanzpapier drucken lassen und – mit ihrem Konterfei an prominenter Stelle – wie einen Weihnachtsgruss zu Tausenden in alle Welt versenden. Bald beherrschten viele Wissenschaftler auch die

Kommandolaute der Chronoklasten so fliessend und akzentfrei wie diese selbst und wurden unmerklich selbst zu Parasiten. Diese neuen Wirtsparasiten unterschieden sich kaum von den ursprünglichen Parasitenwirten; als typische Konvertiten waren sie aber mit viel grösserem Eifer und profunderem Fachwissen bei der Sache als die alten Parasiten und verdrängten diese von ihren Machtpositionen. So wurden die Wirtsparasiten zu Parasiten der noch verbliebenen Parasitenwirte – ja sogar zu neuen Parasiten der alten Parasiten. Dieses heillose Durcheinander verwirrte selbst die sonst so souveräne Natur. Sie hielt plötzlich so viele Fäden in der Hand, dass sie den roten verlor und den seidenen, an dem das Schicksal der Wissenschaftler hing, fahren liess und der Selbstausrottung der Wissenschaftler tatenlos zusah. Wissenschaftler, die genügend Zeit zum Nachdenken haben, fristen deshalb heute nur noch in biologischen Nischen und auf Reservaten ein kümmerliches Dasein.

Kaum jemand vermisst sie, denn über Jahrhunderte hinweg hatten sie und ihre Apostel altvertraute Glaubensregeln und Überlieferungen infrage gestellt oder gar als Unsinn abgetan. Nun ist endlich alles wieder im Lot: Krankheiten sind psychosomatisch, Medikamente Schwingungen und Universitäten postdisziplinäre Glaubenszentren. Der Mensch lebt wieder im Einklang mit sich und der Natur. Diese kennt jedoch kein stabiles Gleichgewicht und könnte den Chronoklasten das gleiche Schicksal bescheren wie einst den Wissenschaftlern. Die Angst vor einem Wiederaufleben wissenschaftlicher Gewaltherrschaft wächst – und auch die Konstellation der Planeten verheisst nichts Gutes.

Der Grund der Dinge

Am 4. November 1856 besuchte der französische Zucker- und Alkoholfabrikant Louis-Emmanuel Bigo-Tilloy einen jungen Chemiker an der Universität Lille und bat ihn um Hilfe. Seine Fabrik verlor bei der Vergärung von Zuckerrüben zu Alkohol jedes Jahr grosse Summen, weil der Zucker des Rübensafts manchmal nicht zu Alkohol, sondern zu Säure wurde. Sollte es nicht möglich sein, diese abnormale Gärung durch Zusatz von Chemikalien zu verhindern? Der junge Chemiker versprach, das Problem zu untersuchen. Sein Name war Louis Pasteur – und die Begegnung Geburtsstunde der modernen Medizin.

Pasteur war damals erst vierunddreissig Jahre alt, aber bereits Dekan der naturwissenschaftlichen Fakultät und einer der berühmtesten Chemiker Frankreichs. Sein Forscherinstinkt riet ihm, nicht einfach verschiedene Chemikalien durchzuprobieren, sondern die Ursache des Problems zu ergründen. Sein Mikroskop zeigte ihm, dass normal und abnormal vergorene Rübensäfte unterschiedliche Mikroorganismen enthielten: In normalen Gäransätzen fanden sich runde Hefezellen, in abnormalen hingegen längliche Organismen. Offenbar verwandelten diese den Zucker des Rübensafts nicht, wie gewünscht, zu Alkohol, sondern zu Säure. Pasteur folgerte daraus, dass die alkoholische Gärung ein Werk lebender Hefezellen ist. Tatsächlich gelang es ihm, die alkoholische Gärung des Rübensafts durch Zugabe von Hefezellen zu fördern.

Nun war das Interesse Pasteurs an diesen kleinen Lebewesen geweckt. Er konnte zeigen, dass sie nicht, wie man damals allgemein annahm, aus toter Materie wie Staub oder Luft entstehen, sondern ebenso wie Tiere und Menschen stets von gleichartigen Vorfahren abstammen. Die «Krankheit» des Rübensafts war also nichts anderes als eine Infektion mit den länglichen Mikroorganismen. Wiederum andere Mikroorganismen liessen Milch oder Wein sauer werden. Pasteur entdeckte, dass man diese Mikroorganismen durch sorgfältiges Erhitzen abtöten und dadurch das Sauerwerden verhindern kann. Heute kennt diese «Pasteurisierung» jedes Kind. Die Untersuchungen Pasteurs gipfelten in der Erkenntnis, dass auch viele menschliche Krankheiten eine Infektion unseres Körpers mit Mikroorganismen sind. Diese Erkenntnis war eine der wichtigsten medizinischen Entdeckungen aller Zeiten. Sie führte in kurzer Zeit dazu, dass man viele ansteckende Krankheiten durch chemische Desinfektion verhindern oder eindämmen konnte. Doch anfangs zog sich Pasteur mit seinen Ideen den Hohn vieler einflussreicher Mediziner zu, die es absurd fanden, dass so winzige Lebewesen Menschen krank machen oder gar töten könnten. Einer von ihnen liess im Jahre 1860 in *La Presse* seiner Verachtung für solchen Unsinn mit folgenden Worten freien Lauf: «Herr Pasteur, ich fürchte, dass die von Ihnen erwähnten Experimente sich gegen Sie wenden werden. Die Welt, in die Sie uns entführen wollen, ist einfach zu fantastisch.»

Einige Jahre später isolierten Pasteur und andere Wissenschaftler aus Tieren und Menschen abgeschwächte Formen krankheitserregender Bakterien, die den menschlichen Körper zwar nicht mehr gefährden, seine natürlichen Abwehrkräfte aber immer noch wecken konnten. Mit diesen abgeschwächten Bakterien «immunisierte» Menschen waren auch gegen die krankheitserregende Form dieser Bakterien gefeit. Die Schutzimpfung begann ihren Siegeszug in der Medizin.

Louis Pasteur, der Chemiker, war einer der grössten Ärzte aller Zeiten. Sein Genie erkannte, dass sich eine Krankheit nur dann wirklich heilen lässt, wenn man ihre Ursachen kennt. Die Medizin vor ihm – mit ihren Aderlässen, Bädern, Schröpfungen, Quecksilberkuren, Abführmitteln und teuren Diäten – war eine Medizin der Scheinlösungen. Sie war fast stets wirkungslos oder gar schädlich, weil ihr das grundlegende Wissen fehlte, um echte Lösungen anzubieten. Diese waren schliesslich nicht nur wirksam, sondern meist auch einfacher und billiger.

Gegen Ende des Zweiten Weltkrieges ging die Medizin wiederum durch eine kritische Phase. Die Erkenntnisse Pasteurs und seiner Nachfolger sowie die Entdeckung der Antibiotika hatten die durch Bakterien hervorgerufenen Krankheiten stark zurückgedrängt, doch die durch Viren bedingten Krankheiten forderten immer mehr Opfer. Viren sind viel einfacher gebaut und meist auch viel kleiner als Bakterien. Sie sind keine Lebewesen, sondern im Wesentlichen wanderndes Erbmaterial, das sich nur in lebenden Zellen vermehren kann. Wenn sie uns befallen, werden sie Teil unserer eigenen Zellen, sodass ihnen die üblichen Antibiotika nichts anhaben können. Eine der gefürchtetsten Viruskrankheiten der damaligen Zeit war die Kinderlähmung (allgemein als Polio bekannt), die jedes Jahr zahllose Kinder zu lebenslangen Invaliden machte. Wo blieb die Medizin, deren frühere Erfolge allen noch so frisch im Gedächtnis waren? Wie schon vor hundert Jahren Monsieur Bigo-Tilloy, so forderte auch jetzt die Öffentlichkeit eine schnelle, zielstrebige Abhilfe: mehr Ärzte, mehr eiserne Lungen und mehr Rehabilitationszentren. Reiche Staaten konnten ihren Bürgern diese Wünsche erfüllen, doch die Kosten waren enorm und der Erfolg mehr als bescheiden. Kein Wunder, denn es waren nur Scheinlösungen: Der Medizin fehlte das grundlegende Wissen, um Kinderlähmung wirksam zu verhindern. Forscher ganz verschiedener Disziplinen mussten dieses Wissen erst in mühevoller Arbeit schaffen, wobei sie oft gar nicht wussten, dass sie die Waffen zum Sieg über die Kinderlähmung schmiedeten. In den frühen Fünfzigerjahren des vorigen Jahrhunderts gelang es dann zum ersten Mal, verschiedene Stämme des Poliovirus im Laboratorium zu züchten und zu zeigen, dass drei von ihnen im Menschen Kinderlähmung hervorrufen. Dank diesem Wissen konnten dann Jonas Edward Salk und Albert Bruce Sabin wirksame Impfstoffe entwickeln, welche die gefürchtete Krankheit in Europa und den USA praktisch ausmerzten. Eine echte Lösung war gefunden. Wiederum war sie wirksam, einfach und billig.

Die Entdeckung bakterienhemmender Sulfonamide und der ersten Antibiotika verdanken wir zwar dem Zufall – und der Spürnase einiger Forscher. Doch um diese Waffen scharf zu halten, mussten wir in jahrelanger Arbeit herausfinden, wie sie wirken. Erst dank diesem Wissen können wir sie heute gezielt verändern, um resistent gewordene Bakterien wieder das Fürchten zu lehren. In unserem Kampf gegen Bakterien gewinnen wir zwar so eine Schlacht nach der andern; den Krieg werden wir jedoch nie endgültig für uns entscheiden, denn Abermilliarden schnell wachsender Bakterien werden immer wieder Wege finden, um unsere Abwehr zu überlisten. Zudem werden Virusstämme, die – wie das Aidsvirus – vor einigen Jahrzehnten noch unbekannt waren, für unsere Spezies immer bedrohlicher.

Die Medizin kämpft heute auch immer mehr gegen Krankheiten, die nicht durch äussere Bedrohung, sondern durch Veränderungen unserer eigenen Körperzellen entstehen. Zu diesen Krankheiten zählen Arteriosklerose, Diabetes, die meisten Formen von Krebs, Schizophrenie sowie entzündliche und degenerative Erkrankungen wie Nierenversagen und Arthrose. Wir können heute fast keine dieser gefürchteten Krankheiten wirksam verhindern oder heilen, denn wir wissen noch zu wenig darüber, wie sie entstehen. Dieser Wissensnotstand zwingt uns wiederum zu Scheinlösungen. Wenn unsere Ärzte heute am offenen Herzen operieren, tief liegende Gehirntumore entfernen, künstliche Hüftgelenke einpflanzen oder ganze Organe von einem Menschen auf einen andern übertragen, so vollbringen sie damit technische Glanzleistungen, auf die sie mit Recht stolz sein können. Dennoch bekämpfen diese Glanzleistungen lediglich Symptome, nicht aber die wirklichen Krankheitsursachen, und können deshalb Arteriosklerose ebenso wenig verhindern wie Gehirntumore, Diabetes oder entzündliches Nierenversagen. Auch macht der enorme technische Aufwand diese Methoden meist viel zu teuer, um sie weltweit auf breiter Basis einsetzen zu können.

Kein Wunder, dass die Öffentlichkeit ungeduldig wird und nach einer gezielten «relevanten» Forschung ruft, die sich auf die Heilung ganz bestimmter Krankheiten beschränkt. Diese Forderung ertönte vor etwa vierzig Jahren in den Vereinigten Staaten und ist seither in den meisten westlichen Industrieländern zu hören. Weder Wissenschaftler noch Politiker dürfen sie auf die leichte Schulter nehmen, denn sie ist verständlich. Obwohl bis vor einigen Jahrzehnten der weltweite Aufwand für medizinische Grundlagenforschung relativ bescheiden war, haben Biologie und Medizin im vergangenen Jahrhundert einen glänzenden Sieg nach dem andern errungen. Die gesamten Forschungen Pasteurs über ansteckende Krankheiten haben den französischen Staat wahrscheinlich weniger gekostet als der jährliche Betrieb eines modernen Krebsforschungsinstitutes. Heute ist biomedizinische Forschung der Motor einer mächtigen Pharmaindustrie und verschlingt immer grössere Summen. In vielen Bereichen ist diese Forschung heute selbst Big Business geworden. Wenn ein Steuerzahler imposante Forschungsinstitute aus dem Boden schiessen sieht und aus Fernsehen und Presse erfährt, dass der Betrieb dieser Institute Millionen verschlingt, dann wird er sich früher oder später fragen: Wo bleibt der Erfolg? Warum werden gewisse Formen des Krebses und zahlreiche degenerative Erkrankungen immer häufiger, obwohl die Ärzte immer bessere Diagnose- und Operationsmethoden entwickeln? Wissen die Mediziner nicht schon genug, um diese Krankheiten endlich heilen zu können? Müsste man dieses Wissen nicht einfach zielstrebiger in die Praxis umsetzen, so wie es die USA mit ihren Atombomben- und Mondprogrammen vorexerziert haben? Sollte man den Forschern nicht befehlen, direkt an der Heilung von Krebs zu arbeiten, anstatt Zeit und Geld für die

Untersuchung exotisch anmutender Probleme zu vergeuden?

Manchmal träume ich davon, solchen Fragern persönlich antworten zu können. Vielleicht könnte ich dann unserem heutigen Wissenschaftsbetrieb manches Ungemach ersparen und dazu beitragen, das allgemeine Misstrauen gegenüber wissenschaftlicher Grundlagenforschung abzubauen. Ich würde erzählen, dass menschliche Zellen mindestens tausendmal komplexer als Bakterien sind und deshalb sehr empfindliche, spezifische und folglich aufwendige Untersuchungsmethoden erfordern; dass wir die biochemischen Vorgänge in unseren gesunden Körperzellen noch längst nicht ausreichend verstehen und deshalb auch nicht wissen, warum sie manchmal entgleisen und uns erkranken lassen; und dass Ungeduld ein Erzfeind der Wissenschaft ist. Gute wissenschaftliche Forschung ist ebenso geduldig wie echte Liebe. Deshalb wäre es auch unsinnig, unsere Forschung nur auf ganz bestimmte Krankheiten zu beschränken. Eine derart eng fokussierte Forschung kann nur dann erfolgreich sein, wenn sie schon über das notwendige theoretische Wissen verfügt, um das gesteckte Ziel im Prinzip zu erreichen. Nur dann lässt sich durch einen massiven Einsatz von Ressourcen ein rascher Erfolg erzwingen. Als sich die Vereinigten Staaten entschlossen, in möglichst kurzer Zeit eine Atombombe zu bauen oder einen Menschen auf den Mond zu schicken, war das dafür erforderliche Grundlagenwissen bereits zum grossen Teil vorhanden. Für die Heilung der meisten Organkrankheiten ist dies aber (noch) nicht der Fall.

Zwar würde ich meinen Mitbürgern bestätigen, dass auch Scheinlösungen ein Problem vorübergehend lindern können und wir deshalb moralisch verpflichtet sind, sie zu verwenden, solange wir keine echten Lösungen anzubieten haben. Wir müssen die diagnostischen und operativen Möglichkeiten der modernen medizinischen Technologie voll ausschöpfen und ihre Weiterentwicklung nach besten Kräften fördern. Wir dürfen deswegen aber unsere Suche nach den echten Lösungen nicht gefährden. Wenn wir in dieser Suche erlahmen und die Grundlagenforschung einschränken, werden wir am Ende nur Misserfolg und Enttäuschung ernten.

In demokratischen Gesellschaften ist es für Vertreter des Staates immer schwierig, dem Ruf der Stimmbürger nach raschen Zwischenlösungen zu widerstehen. Dies gilt nicht nur für die Medizin, sondern auch für viele andere Probleme unserer Gesellschaft. Ein Beispiel ist das bedrohliche Ansteigen der Kriminalität in unseren Grossstädten. Auch hier wird eine echte Lösung wohl nur aus einem grundlegenden Verständnis des Problems und seiner Ursachen kommen. Abbau der Spannungen zwischen verschiedenen Volksgruppen und sozialen Schichten, Senkung der Arbeitslosigkeit, Verbesserung der Schulbildung sowie erfolgreiche Integration von Migranten werden auf lange Sicht wirkungsvoller sein als mehr Polizisten, bessere Strassenbeleuchtungen und längere Gefängnisstrafen. Und doch sind es gerade diese populären Scheinlösungen, nach denen die Öffentlichkeit ruft. Es ist der alte Ruf nach mehr Aderlässen, mehr eisernen Lungen und mehr Organverpflanzungen.

Das Beispiel Pasteurs hat uns gezeigt, dass wir die vielschichtigen Probleme unserer Gesellschaft nur dann lösen werden, wenn wir mit Wissbegierde und Geduld den Grund der Dinge suchen.

Spurensuche

Woher kommen wir? Welche geheimnisvolle Kraft schuf die hochgeordnete Substanz, die mich Mensch sein lässt? Die Suche nach den Antworten gebar unsere Mythen, doch heute wissen wir, dass viele Antworten im Erbgut unserer Zellen schlummern.

Jede meiner Körperzellen besitzt mindestens fünfundzwanzigtausend Erbanlagen (Gene), die in einer chemischen Schrift auf den fadenförmigen Riesenmolekülen der DNS niedergeschrieben sind. Die Gesamtheit meiner DNS-Fäden ist mein «Erbgut». Könnte ich an meinen DNS-Fäden entlangwandern, träfe ich nicht nur auf meine eigenen Gene, sondern auch auf etwa drei Millionen wahllos verstreute und verstümmelte Gene von Viren. Diese genetischen Fossilien machen fast ein Zehntel meines Erbguts aus und zeugen von erbitterten Kämpfen, die unsere biologischen Vorfahren vor Jahrmillionen gegen eindringende Viren führten. Diese Kämpfe wühlten das Erbgut unserer Vorfahren auf und halfen so vielleicht mit, sie zu Menschen zu machen.

Viren sind keine Lebewesen, sondern wandernde Gene, die sich zu ihrem Schutz mit Proteinen und manchmal auch noch mit einer fetthaltigen Membran umhüllen. Da sie keinen eigenen Stoffwechsel besitzen, müssen sie in lebende Zellen eindringen, um sich zu vermehren. Einige von ihnen – die Retroviren – schmuggeln dabei sogar ihre eigenen Gene in das Erbgut der Wirtszelle ein. Wenn die infizierte Zelle sich dann teilt, gibt sie die fremden Gene zusammen mit den eigenen an alle Tochterzellen weiter. Sie kann die fremden Gene jedoch nicht an die nächste Generation des infizierten Tieres oder Menschen weitergeben – es sei denn, sie ist eine Ei- oder Samenzelle. In diesem Fall vererbt sie die eingeschleusten Virusgene wie ihre eigenen, sodass sie feste Bestandteile im Erbgut des Organismus werden.

In einer Zelle schlummernde Retroviren sind tickende Zeitbomben. Sie können aus dem Erbgut des Wirts herausspringen und wieder freie Viren werden, die dann aus der Wirtszelle ausbrechen, in andere Zellen eindringen und sich nun in deren Erbgut einnisten. So folgt ein Infektionszyklus dem andern. Was bewegt schlummernde Retroviren, plötzlich wieder zu erwachen und zu neuen Eroberungen aufzubrechen? Darüber wissen wir fast nichts. Doch wir wissen einiges darüber, wie wir uns gegen eindringende Retroviren zur Wehr setzen. Wie mittelalterliche Städte und Burgen setzen wir dafür mehrere Verteidigungsringe ein. In den äussersten Ringen versuchen wir, das Virus mit unserer immunologischen Abwehr zu überwältigen oder ein Anheften des Virus an unsere Zellen zu verhindern. Versagt diese Abwehr, versuchen wir die Freisetzung der Virusgene aus ihrer Verpackung oder das Einschleusen dieser Gene in unser Erbgut abzublocken. Wenn das Retrovirus auch diese Verteidigungsringe durchbrochen hat, bleibt uns nur noch der zermürbende Partisanenkrieg: Wir versuchen, die unerwünschten Virusgene in unserem Erbgut Schritt für Schritt zu zerstören. Diese Taktik erfordert zwar Geduld, war aber für unsere Vorfahren und auch für unsere Spezies bisher meist erfolgreich: Nach einer Million Jahren verbleiben von den eingedrungenen Virusgenen gewöhnlich nur noch Trümmer, die als genetische Fossilien im breiten Strom des Erbguts von Generation zu Generation treiben.

Unser Erbgut ist also nicht nur Quelle des Lebens, sondern auch ein genetisches Totenhaus. Wenn wir dieses Totenhaus mit den Werkzeugen der

Molekularbiologie durchsuchen, blicken wir tief in unsere Vorzeit und erahnen, welche Kräfte das Erbgut unserer Vorfahren geformt haben. Der Kampf zwischen Zellen und Retroviren tobt seit mehreren hundert Millionen Jahren. Es ist also nicht erstaunlich, dass wir im Erbgut aller Säugetiere so viele Virusreste finden. Der Kampf ist noch nicht entschieden, denn infektiöse Retroviren nisten immer noch im Erbgut fast aller Säugetiere, bis hinauf zu unserem engsten Verwandten, dem Schimpansen. Und seit wir eine eigene Spezies sind, ist es mehr als hundert verschiedenen Stämmen von Retroviren geglückt, in unsere Ei- oder Samenzellen einzudringen und sich so in unserem Erbgut einzunisten. Doch wir Menschen scheinen als erste Spezies den Kampf gegen vererbte Retroviren gewonnen zu haben: Alle Virusgene, die wir in unserem heutigen Erbgut ausmachen können, sind mit höchster Wahrscheinlichkeit zu verstümmelt, um wieder infektiöse Viren bilden zu können. Nur bei einem einzigen in uns schlummernden Retrovirus sind wir uns nicht ganz sicher, ob es nicht doch in einzelnen Menschen seine Infektionskraft bewahrt hat und Krankheiten verursachen könnte.

Aber selbst Virusfossilien, die nicht mehr infektiöse Viren bilden können, schlummern nicht immer friedlich. Einige von ihnen, die fast bis zur Unkenntlichkeit verstümmelt sind, springen in unserem Erbgut immer noch ziellos und ohne ersichtlichen Grund von einem Ort zum andern und hinterlassen dabei bleibende Spuren. Diese Spuren sind – wie so viele andere Spätfolgen eines Krieges – meist schädlich und verursachen etwa 0,2 Prozent aller Mutationen, die unser Erbgut im Laufe unseres Lebens erleidet. Manchmal schädigt eine solche Mutation ein für die Blutgerinnung notwendiges Protein und macht diese Menschen dann zu «Blutern», für die selbst kleine Wunden lebensbedrohlich sein können. Aber durch springende Virustrümmer verursachte Mutationen können, wie alle Mutationen, gelegentlich auch nützlich sein. Ein springendes Virusfossil landete vor langer Zeit in der Nähe eines Gens, das die Entwicklung menschlicher Eizellen fördert, und erhöhte damit zufällig die Fruchtbarkeit – und damit die Überlebenschancen – unserer Spezies. Und wenn wir die Angriffe von Retroviren anhand der genetischen Fossilien zurückverfolgen, erkennen wir, dass die plötzliche Entwicklung der Säugetiere vor hundertsiebzig Millionen Jahren mit einer gewaltigen Invasionswelle von Retroviren einherging. Eine weitere Welle ereignete sich vor sechs Millionen Jahren, kurz bevor wir Menschen uns vom Schimpansen verabschiedeten. Diese biologischen Kriegswirren haben die Zellen unserer Vorfahren wahrscheinlich dazu gezwungen, ihr Erbgut auf vielfältige Weise zu verändern, um neuartige Waffen gegen die Eindringlinge zu schmieden. Handelt es sich hier nur um zeitliche Zufälle – oder haben diese Infektionswellen plötzliche Entwicklungssprünge ausgelöst? Könnte es sein, dass auch dieser Krieg Vater aller Dinge war und die Entwicklung unserer Spezies beschleunigt oder gar erst ermöglicht hat? Erfüllen einige dieser verstümmelten Virusgene Aufgaben, von denen wir heute noch nichts wissen? Und sind die Virustrümmer in meinem Erbgut nur überwältigte Eindringlinge – oder ein wichtiger Teil von mir?

Grausame Hüter

Wir sehnen uns zeit unseres Lebens nach der Geborgenheit unserer Kindheit. Vielleicht hat Thomas Wolfe sein grosses Epos deswegen *Look Homeward, Angel* genannt. Wo ist mein Schutzengel geblieben, der über mich wachte? Eltern und Lehrer, die ihn mir schenkten, haben ihn mit sich ins Grab genommen. Dennoch schützen mich auch heute noch unzählige Hüter. Es sind die Sensoren meines Körpers, dank denen ich sehe, höre, rieche, schmecke, fühle – und Schmerz empfinde.

Nichts schützt mich so eindringlich vor Gefahr wie der Schmerz. Er hindert mich, einen brühheissen Tee zu trinken, barfuss auf einen spitzen Stein zu treten oder ein gebrochenes Bein zu bewegen. Und er erhebt seine warnende Stimme, wenn im Inneren meines Körpers etwas nicht stimmt. Die Schmerzsensoren meiner Körperoberfläche sind dicht gesät, reagieren im Bruchteil einer Sekunde und orten einen Schmerz millimetergenau; die meines Körperinneren arbeiten langsamer, sind spärlicher verteilt und sagen mir oft nicht genau, woher ein Schmerz kommt. Sie könnten mich sogar in die Irre führen und mir einen Herzschaden als harmlosen Schulterschmerz melden. Und mein Gehirn kann überhaupt keinen Schmerz empfinden.

Wer keinen Schmerz fühlt, lebt gefährlich – und oft kurz. In der ersten Hälfte des vorigen Jahrhunderts berichteten mehrere Ärztegruppen von Patienten, die keinen Schmerz empfinden. Vor einigen Jahren entdeckten nun Forscher im Norden Pakistans sogar eine grössere Familie, deren Mitglieder nicht wussten, was Schmerz bedeutet. Viele von ihnen hatten sich als Kinder Teile der Zunge abgebissen oder Glieder gebrochen, ohne es zu bemerken. Ein Junge verdiente seinen Lebensunterhalt damit, vor Zuschauern über glühende Kohlen zu laufen oder sich ein Messer in den Arm zu stechen. Er starb, als er kurz vor seinem vierzehnten Geburtstag von einem Hausdach sprang. Diese Menschen fühlen zwar den Stich eines Messers, empfinden ihn aber nicht als unangenehm. Sie sind völlig gesund – nur fehlt ihnen ein intaktes Eiweiss, mit dessen Hilfe schmerzempfindliche Nervenzellen ein elektrisches Signal aussenden. Manche Menschen besitzen eine überaktive Variante dieses Eiweisses, sodass ihr Gehirn mit grundlosen Schmerzsignalen überflutet wird und sie brennende und oft unerträgliche Schmerzen empfinden. Ihr hütender Schutzengel wurde zum grausamen Folterer.

Wir haben im Kampf gegen den Schmerz zwar einzelne Schlachten gewonnen, aber noch keinen endgültigen Sieg errungen. Ein Grund dafür ist, dass in unserem komplexen Körper Bewusstlosigkeit und Tod gefährlich nahe beieinander wohnen. Deshalb wurde so manche schmerzlindernde Tinktur einem Kranken zum Todestrunk. Der geniale Paracelsus erkannte zwar bereits um die Mitte des 16. Jahrhunderts die betäubende Wirkung von Äther, kam jedoch nicht auf die Idee, sie zur Schmerzlinderung bei Operationen einzusetzen. So mussten Menschen noch fast drei Jahrhunderte lang das Grauen narkosefreier chirurgischer Eingriffe erdulden, bis am 13. Oktober 1804 der japanische Arzt Seishu Hanaoka einer 60-jährigen Frau einen Brusttumor unter allgemeiner Betäubung entfernte. Zu dieser Zeit hatte sich Japan unter dem Tokugawa-Shogunat jedoch vom Westen abgeschottet, sodass diese grossartige Leistung im Westen ebenso unbekannt blieb wie die Zusammensetzung des dabei verwendeten Pflanzenextrakts. Erst 1841 begann der 27-jährige amerikanische Provinzarzt Crawford Williamson Long, seine Patienten vor Operationen mit Äther zu betäuben. Da er seine Erfolge aber erst sechs Jahre später veröffentlichte, galt lange Zeit der ehrgeizige und umtriebige William T. G. Morton als Erfinder der Äthernarkose. Auf Äther folgte bald darauf Chloroform und schliesslich eine reiche Palette immer wirksamerer und sicherer Narkosegase, die heute nur noch äusserst selten tödliche Zwischenfälle verursachen. Wir wissen immer noch nicht genau, wie diese Gase ihre segensreiche Wirkung entfalten. Wahrscheinlich binden sie sich an wasserabstossende Nischen in den Schmerzsensoren und unterbinden so deren Funktion.

Unser Kampf gegen den Schmerz ist jedoch nicht nur ein Kampf gegen die Komplexität unseres Körpers, sondern auch einer gegen die menschliche Unvernunft. Für viele ist Schmerz gottgewollt und seine Unterdrückung Sünde. Heisst es nicht im Buch Genesis der Lutherbibel «VND zum Weibe sprach er/Jch wil dir viel schmertzen schaffen wenn du schwanger wirst/Du solt mit schmertzen Kinder geberen»? Die buchstabengetreue Auslegung dieser fatalen Passage führte schon kurz nach den ersten Erfolgen der Äthernarkose zu heftigem Widerstand. Im Jahre 1865 untersagten die Zürcher Stadtväter diese Methode mit der Begründung, dass Schmerz eine natürliche und vorgesehene Strafe für die Erbsünde – und jeder Versuch, ihn zu beseitigen, unrecht sei. Selbst die angesehene Wissenschaftszeitschrift *The Lancet* zeigte sich im Jahre 1853 darüber schockiert, dass Königin Victoria ihr achtes Kind unter Chloroformnarkose geboren hatte. Solche Vorbehalte gehören heute der Vergangenheit an. Für mich ist schmerzfreie Chirurgie die schönste und menschlichste technische Erfindung der letzten zwei Jahrtausende. Als ich vor einigen Jahren wegen eines entzündeten Blinddarms auf dem Operationstisch lag und der Narkosearzt sich kurz vor dem Eingriff über mich beugte, sah ich in ihm den Schutzengel meiner Kindheit wieder. Und insgeheim hoffte ich, er möge mein Ich in seinen sicheren Händen bewahren und es mir unversehrt wiederschenken.

Dennoch leiden immer noch unzählige Menschen unter chronischen Qualen, die selbst das gewaltige Morphium nicht lindern kann. Hier geben uns die schmerzfreien Pakistanis Hoffnung: Da sie trotz ihres fehlenden Proteins gesund sind, sollte sich dieses Protein in Schmerzpatienten mit Medikamenten gezielt hemmen – und der Teufelskreis des Schmerzes durchbrechen lassen.

Doch wie steht es um den Kampf gegen psychische Schmerzen? Unsere Gesellschaft akzeptiert und bekämpft diese meist nur bei Menschen, die offensichtlich geisteskrank sind. Die Qualen eines Drogenentzugs sehen hingegen viele als selbstverschuldete und verdiente Strafe. Vielleicht empfinden aber auch klinisch unauffällige Mitmenschen das Leben als so traurig oder so bedrohlich, dass sie es ohne Drogen nicht ertragen können. Wie viele von ihnen wählen wohl den Selbstmord als Ausweg? Heute wäre es «unmoralisch» und ungesetzlich, die psychischen Schmerzen dieser Unglücklichen mit «harten» Drogen zu lindern. Feiert hier die Antinarkosebewegung unseligen Angedenkens fröhliche Urständ? Und könnte diese Geisteshaltung daran mitschuldig sein, dass wir trotz enormer Anstrengungen auf bestem Wege sind, den «Krieg gegen die Drogen» zu verlieren? Die Frage ist zu vielschichtig für eine einfache Antwort – und dennoch müssen wir Antworten suchen. Dabei kämpfen wir wiederum nicht nur gegen die Komplexität unseres Körpers, sondern auch gegen die Macht unserer Unvernunft.

Stimmen der Nacht

Seit sieben Jahren bin ich emeritiert – ein Professor im Ruhestand. Ich habe kein Laboratorium, keine Mitarbeiter und keine Forschungsgelder mehr, muss aber auch nicht mehr sinnlose Formulare ausfüllen, Berichte für Schubladen schreiben und an unnötigen Sitzungen mit dem Schlaf kämpfen. Meine Freiheit ist mir noch immer nicht ganz geheuer. Sie macht jeden Tag zu einem Experiment, das Unerwartetes zutage fördern kann – über Wissenschaft, über meinen ehemaligen Beruf oder über mich selbst.

Als frischgebackener Biochemiker war ich fast stets im Laboratorium und arbeitete bis spät in die Nacht – manchmal auch bis in den frühen Morgen. Die Stille des nächtlichen Laboratoriums schenkte meinen Gedanken freien Lauf und mir neue Ideen. Wenn ich jetzt nachts wach liege und meinen Erinnerungen nachgehe, vermisse ich diese Stille, denn die Stimmen der Nacht stören sie mit ihren Fragen. Die Stimmen sind unerbittlich und lassen sich nicht belügen. Ich versuche, ihnen zu widerstehen, doch sie kommen zur *Stunde des Wolfs*, wenn meine Gedanken im Niemandsland zwischen Wachen und Träumen irren und meine Verteidigung versagt.

Immer wieder wollen die Stimmen wissen, was Wissenschaft mir gab. Es ist nicht leicht, darauf zu antworten, denn es gibt zu viele Antworten. Ich wollte Wissenschaftler werden, um zu erfahren, wie die Welt um mich beschaffen ist. Bald jedoch erkannte ich, dass wissenschaftliche Wahrheit sich schnell als falsch erweisen kann. Einer meiner Kollegen gestand dies in seiner Festrede für neugebackene Doktoren mit folgenden Worten: «Wir haben unser Bestes getan, um Ihnen die neuesten Erkenntnisse der Wissenschaft beizubringen. Dennoch ist wahrscheinlich die Hälfte dessen, was wir Sie lehrten, falsch. Leider kann ich Ihnen nicht sagen, welche Hälfte.» Wissenschaft zeigte mir keine endgültigen Wahrheiten, sondern den Weg, um mich einer Wahrheit zu nähern. Ich erfuhr, dass sie nicht das Sammeln und Ordnen von Tatsachen ist, sondern der Glaube, dass wir die Welt durch Beobachten, Versuchen und Nachdenken begreifen können. Wissenschaft zeigte mir auch die engen Grenzen des menschlichen Verstandes und lehrte mich Bescheidenheit. Arroganz, Hierarchie und Macht waren stets ihre Todfeinde.

Dennoch konnte mich Wissenschaft nie ganz befriedigen. Das Adagio aus Mahlers zehnter Symphonie, Shakespeares Sonette oder Cézannes Visionen des Mont Sainte-Victoire erzählten mir von einem verzauberten Land, das jenseits jeder Wissenschaft liegt. Erst dieses Land schenkte meiner Sicht der Welt einen zweiten Blickwinkel und damit die Dimension der Tiefe.

Und immer wieder die Frage, vor der ich mich fürchte: «Warst du ein guter Wissenschaftler?» Nur allzu oft war ich es nicht, denn ich war nicht immer leidenschaftlich, mutig und geduldig genug. Wissenschaftlicher Erfolg entspringt nicht nur Intelligenz und Originalität, sondern auch vielen andern Talenten. Die wichtigsten Voraussetzungen jedoch sind Leidenschaft, Mut und Geduld. Es braucht sie, um allgemein akzeptierte Ideen und Dogmen zu hinterfragen und ein schwieriges wissenschaftliches Problem zu lösen. Und es braucht sie auch, um trotz Fehl- und Rückschlägen ein Ziel über Jahre hindurch unbeirrt zu verfolgen. Die Waffe der Wissenschaft ist Wissbegierde – doch diese Waffe ist stumpf ohne die Schärfe der Intelligenz. Aber selbst die schärfste

Intelligenz ist kraftlos ohne Leidenschaft und Mut – und diese wiederum sind Strohfeuer ohne die Macht der Geduld.

Und die Stimmen fragen weiter. «Hast du deinen Studenten und Mitarbeitern geholfen, leidenschaftlich, mutig und geduldig zu sein?» Hier schmerzt die Antwort: «Sicher nicht genug.» Ich glaube nicht, dass Leidenschaft sich lehren lässt, doch Mut und Geduld erstarken im Umgang mit mutigen und geduldigen Menschen. Darum versuchte ich, so gut ich konnte, meinen Mitarbeitern Mut und Geduld vorzuleben, denn persönliche Vorbilder sind für die Entwicklung junger Menschen von überragender Bedeutung. Sie sind die wichtigste Gabe, die eine Universität ihren Studenten geben kann. Wie schade, dass ich dies erst jetzt ganz erkenne.

Und dann die Frage: «Was würdest du besser machen, wenn du nochmals beginnen könntest?» Hier fällt mir die Antwort leicht: «Ich würde die Lehre mindestens ebenso ernst nehmen wie die Forschung.» Unter «Lehre» verstehe ich nicht die Aufzählung wissenschaftlicher Tatsachen, sondern die Weitergabe meiner wissenschaftlichen Erfahrungen und meiner persönlichen Ansichten über Wissenschaft, die Welt und uns Menschen. Wir Professoren sollten nicht nur Fachwissen vermitteln, sondern auch junge Menschen dazu ermuntern, unabhängig zu denken, sich von anerzogenen Vorurteilen zu befreien und Antworten auf die grossen Fragen zu finden – Fragen über unser Dasein und das Wesen der materiellen und geistigen Welt. Alle jungen Menschen suchen Antworten auf diese Fragen, selbst wenn sie sich dessen nicht bewusst sind oder es nicht zugeben wollen. Und wenn unsere Bildungsstätten sie dabei im Stich lassen, werden sie bei Gurus und religiösen Fanatikern Rat suchen. Wie anders lässt es sich erklären, dass so viele Anhänger der berüchtigten Bhagwan-Sekte an den besten Universitäten der USA studiert hatten? Im Rückblick erscheint es mir fast unglaublich, dass Hunderte von begabten jungen Menschen mir bei meinen Vorlesungen über eine Stunde lang zuhörten. Welch einmalige Möglichkeit, diese jungen Menschen zu formen! Doch ich nutzte sie oft zu wenig, weil es mich zurück ins Laboratorium zog.

«Was hat dich an der Wissenschaft überrascht?», fragt eine Stimme. Auch hier muss ich nicht lange nach der Antwort suchen. «Ich hatte einsames Forschen erwartet und nicht geahnt, wie sehr die Gemeinschaft mit andern Wissenschaftlern mein Leben prägen und bereichern würde.» Grosse wissenschaftliche Entdeckungen sind meist Kinder der

Einsamkeit, werden aber dennoch nicht in Isolation geboren. Wir Wissenschaftler arbeiten an einer Kathedrale, deren Vollendung keiner von uns erleben wird. Deshalb zehren wir doppelt von der Gemeinsamkeit unseres Schaffens.

Meine nächtlichen Besucher wollen vieles wissen und verstummen erst im Morgengrauen. Um mich gegen ihre Fragen besser zu wappnen, schreibe ich nun meine Antworten im Schutz des Tages nieder. Es sind Versuche – *essais*. Für Michel Eyquem de Montaigne waren seine *essais* Versuche, sich selbst zu erforschen. Vielleicht wollte aber auch er nur die Stimmen der Nacht besänftigen.

Sonnenkinder

Am Anfang war das Licht. Der Urknall, der das Universum vor etwa vierzehn Milliarden Jahren schuf, war eine Explosion strahlender Energie. Als sich das Universum dann ausdehnte und abkühlte, ermattete das Licht zu unsichtbaren Radiowellen. Schon nach einigen hunderttausend Jahren begann eine dreissig Millionen Jahre lange Finsternis, in der sich ein Teil der Strahlung zu Materie verdichtete. Diese wiederum ballte sich zu Gaswolken und dann zu Galaxien zusammen, deren ungeheure Schwerkraft Atomkerne so stark zusammenpresste, dass sie miteinander verschmolzen und gewaltige Energiemengen als Licht freisetzten. Die atomaren Feuer dieser ersten Sterne schenkten dem jungen Universum wieder Licht.

Manche Sterne fanden in ihrer Galaxie keine stabile Umlaufbahn und stürzten schliesslich – zusammen mit dem Rest der Gaswolke – zum Mittelpunkt der Galaxie in ein schwarzes Loch. Bei diesem Todessturz heizten sich diese Sterne so stark auf, dass sie für kurze Zeit heller erstrahlten als die Abermilliarden Sterne der gesamten Galaxie. Die meisten dieser gigantischen, aber kurzlebigen Lichtquellen erloschen bereits vor etwa zehn Milliarden Jahren. Dennoch sehen wir sie noch heute, weil die rasende Ausdehnung des Universums nach dem Urknall sie – zusammen mit ihrer Galaxie – so weit in die Fernen des Universums getrieben hatte, dass ihr Licht uns erst jetzt erreicht.

Viele Sterne brannten schliesslich aus oder explodierten und lieferten so Bausteine für neue Sterne. Einer von diesen ist unsere Sonne, die erst vor 4,5 Milliarden Jahren zu leuchten begann. Wie manche andere Sterne schleuderte sie bei ihrer Geburt einen Teil von sich ab und formte ihn zu Planeten. Auf einem dieser Planeten bildeten winzige Materieklumpen immer komplexere Gebilde, die sich fortpflanzten, bewegten und schliesslich sogar Intelligenz und Bewusstsein erlangten. Ich bin ein später Spross dieses Adels hochgeordneter Materie. Mein Stammbaum ist über 3,5 Milliarden Jahre alt und lässt mich stolz sein. Meine Vorfahren «erfanden» schon sehr früh den grünen Sonnenkollektor Chlorophyll und konnten sich so vom Licht der

Sonne ernähren. Um bei allzu greller Sonne deren gefährliches Ultraviolettlicht zu meiden, entwickelten sie überdies Sensoren für kurzwelliges Blaulicht und begannen so, die Welt in Farben zu sehen. Meine Netzhaut besitzt drei chemische Nachkommen dieses blauempfindlichen Sensors und lässt mich so Millionen verschiedener Farben sehen.

Und doch bin ich nahezu blind, denn was ich als Licht empfinde, ist nur ein winziger Abschnitt im schier endlosen Spektrum elektromagnetischer Wellen. Diese reichen von tausend Kilometer langen Radiowellen bis zu den Millionstel mal Millionstel Meter kurzen Gammastrahlen explodierender Sterne. Meine Augen erkennen lediglich Wellenlängen zwischen vierhundert und siebenhundert Milliardstel Meter und melden sie meinem Gehirn als die Farben des Regenbogens – von Blauviolett bis Tiefrot.

Meine Sonnenlicht essenden Vorfahren haben das Antlitz unseres Planeten tiefgreifend verändert. Da sie über eine unerschöpfliche Energiequelle verfügten, überwucherten sie das Land und die Meere. Und da sie dabei aus dem Wasser Sauerstoffgas freisetzten, reicherte sich dieses Gas in der ursprünglich sauerstofffreien Atmosphäre immer mehr an. Bald entwickelten einige Lebewesen die Fähigkeit, mithilfe dieses Gases Überreste anderer Zellen zu verbrennen – sie «erfanden» die Atmung. Unser Körper und unsere Nahrung sind gespeicherte Lichtenergie – ein Abglanz des atomaren Feuers in unserer Sonne.

Ein schwacher Abglanz dieses Feuers leuchtet sogar in den Tiefen unserer Weltmeere. Diese sind der weitaus grösste Lebensraum auf unserem Planeten, ab einer Tiefe von tausend Metern jedoch dunkle, kalte und oft auch sauerstoffarme Wüsten. Wie orientieren Lebewesen sich in dieser schier grenzenlosen Finsternis? Wie finden sie Beute – oder Paarungspartner? Und wie erkennen sie rechtzeitig Räuber, um ihnen zu entfliehen? Vieles davon ist noch Geheimnis. Wir wissen jedoch, dass die meisten Tiefseebewohner dafür Lichtsignale einsetzen. Gewöhnlich erzeugen sie diese in eigenen Lichtorganen, in denen Nervenimpulse die Reaktion körpereigener Substanzen mit Sauerstoff auslösen und dabei «kaltes» Licht erzeugen – wie Glühwürmchen dies tun. Einige Fische züchten in ihren Augensäcken sogar lichtproduzierende Bakterien und schalten diese raffinierten Scheinwerfer durch Hautbewegungen an und ab. Auch viele Meeresbakterien erzeugen Licht, doch im Gegensatz zu ihnen versenden Fische, Kopffüssler und Schalentiere ihr Licht meist in kurzen Pulsen, die vielleicht Information tragen.

Das ausgesandte Licht ist fast immer blaugrün, da solches Licht Wasser besonders leicht durchdringt. Deswegen begnügen sich viele Tiefseefische mit einem einzigen, blaugrünempfindlichen Sehpigment und leiten dessen Signale mit sehr hoher Verstärkung an das Gehirn. So können sie zwar keine Farben sehen, dafür aber kurze und schwache Lichtsignale mit grosser Genauigkeit orten.

Ein Lichtpuls kann jedoch auch Beute alarmieren oder Räuber anlocken. Der in Tiefen ab tausend Metern lebende Schwarze Drachenfisch umgeht diese Gefahr, indem er nicht nur blaugrünes, sondern auch tiefrotes Licht aussendet, das für andere Tiefseebewohner unsichtbar ist. Über diese Privatfrequenz kann er sich ohne Störung von aussen mit seinen Artgenossen verständigen und ahnungslose Opfer ins Visier nehmen. Seine Rotscheinwerfer erzeugen zunächst blaugrünes Licht, verwandeln es aber mithilfe eines zusätzlichen Farbstoffs in rotes Licht und «reinigen» dieses dann noch von andern Farbtönen mit einer farbigen Linse. Um das tiefrote Licht seiner Artgenossen wahrzunehmen, speichert der Drachenfisch in seinen Augen eine Variante des grünen Chlorophylls, das rotes Licht wirksam verschluckt und dessen Energie auf noch rätselhafte Weise an den Blaugrünsensor der Fischnetzhaut weitergibt. Da der Drachenfisch Chlorophyll nicht selbst herstellen kann, nimmt er es wahrscheinlich mit der Nahrung auf – doch wir wissen nicht, mit welcher. Was immer die Antwort sein mag – alle lichtspendenden Stoffe und der für ihre Reaktion erforderliche Sauerstoff stammen letztlich von eingefangener Sonnenenergie. Die pulsierenden Lichtpunkte in den Tiefen unserer Weltmeere sind Kinder des Sonnenlichts.

Vieles an uns und der Welt ist rätselhaft und dunkel – und die Finsternis unseres Unwissens und unserer Vorurteile bedrohlicher als die der Meerestiefen. Unser Verstand ist uns Licht in dieser Finsternis. Er leuchtet nur schwach – und ist dennoch das wunderbarste aller Sonnenkinder.

Jenseits der Gene

Wer bin ich? Wie unerbittlich bestimmen meine Gene, wer ich bin – oder sein könnte? Bin ich einmalig – oder nur eine von sechs Milliarden identischen biochemischen Maschinen? Diese Fragen konnte mir während meiner ersten Lebenshälfte nur grosse Kunst beantworten. Philosophie und Wissenschaft liessen mich im Stich, da sie noch nicht erkannt hatten – oder nicht wahrhaben wollten –, dass der Schlüssel zum Verständnis lebender Wesen in ihrem chemischen Aufbau verborgen liegt. Diese Erkenntnis schenkten uns während meiner zweiten Lebenshälfte Physik und Biologie, die damit nach langer Verbannung wieder zu Eckpfeilern der Philosophie wurden. Sie enthüllten die immense Komplexität lebender Materie, den gemeinsamen Ursprung alles Lebens auf unserer Erde und die Einmaligkeit jedes Menschen. Vielleicht werden sie uns auch einst zeigen, dass wir mehr sind als vorprogrammierte biochemische Maschinen. Wenn ihnen dies gelänge, würden sie uns von einer unserer bedrückendsten philosophischen Kränkungen erlösen.

Diese Kränkung ist eine ungewollte Folge der wissenschaftlichen Schau unserer Welt und ist nie überzeugend widerlegt worden. Im Gegenteil, die Entdeckung der Gene und ihrer Wirkungsweise sowie die Aufklärung der chemischen Struktur der gesamten menschlichen Erbsubstanz (des menschlichen Genoms) festigten die Vorstellung, dass ererbte Gene unerbittlich unsere Handlungen und unser Schicksal bestimmen.

Könnte der Informationsreichtum unseres Genoms die Tyrannei der Gene unterlaufen? Lebende Zellen sind die komplexeste Materie, die wir kennen. Da die Komplexität eines Objektes ein Mass für die Menge an Information zur vollständigen Beschreibung des Objekts ist, verkörpert eine lebende Zelle sehr viel mehr Information als zum Beispiel ein Gestein. Diese Information ist im Genom jeder Zelle in fadenförmigen DNS-Riesenmolekülen in einer chemischen Buchstabenschrift gespeichert. Das Genom des einfachsten bekannten Bakteriums, *Carsonella ruddii*, hat 159 662 Buchstaben, die 213 Gene beschreiben. Da die meisten dieser Gene Bauplan für ein bestimmtes Protein sind, kann *Carsonella ruddii* 182 verschiedene Proteine herstellen. Diese Zahl genügt bei Weitem nicht, um dem Bakterium ein unabhängiges Dasein zu ermöglichen, sodass es nur als Parasit in Insekten leben kann. Die 182 Proteine dürften selbst dann nur knapp zum Überleben reichen, sodass dieses einfache Lebewesen wahrscheinlich auf keines seiner Proteine verzichten kann. Alle Zellen einer Carsonella-Kolonie sind deshalb, von seltenen Mutanten abgesehen, im Wesentlichen identisch.

Unser Genom lagert im Kern jeder Zelle und besitzt 3,2 Milliarden Buchstaben. Obwohl es fast zwanzigtausendmal grösser als das von *Carsonella ruddii* ist, hat es nur etwa hundertdreissigmal mehr (etwa siebenundzwanzigtausend) Gene. Der Grund ist, dass über fünfundneunzig Prozent unseres Genoms keine für uns erkennbaren Gene tragen. Unsere Körperzellen besitzen von fast jedem Gen eine mütterliche und eine väterliche Variante und können deshalb theoretisch über fünfzigtausend verschiedene Proteine bilden. In Wirklichkeit ist diese Zahl noch wesentlich höher, da unsere Zellen Gene verschiedenartig lesen können: Sie können an verschiedenen Stellen im Gen zu lesen beginnen, nur einzelne Teile lesen oder die gelesene Information nachträglich verändern. So können sie aus einem

Gen bis zu dreissigtausend verschiedene Proteine hervorzaubern. Auch können sie bereits gebildete Proteine durch Anheften oder Abspalten chemischer Gruppen noch weiter verändern. Da wir die meisten dieser Veränderungen aus der Struktur unseres Genoms nicht eindeutig ablesen können, wissen wir nicht, wie viele verschiedene Proteine unser Körper herstellen kann. Wahrscheinlich sind es über hunderttausend. Der Reichtum unseres genetischen Erbes liegt also nicht nur in seiner Grösse, sondern auch in der Virtuosität, mit der wir uns seiner bedienen. Bakterien lesen ihr Genom; wir interpretieren unseres. Wir gleichen Musikern des 17. und 18. Jahrhunderts, die einen vorgegebenen Generalbass verschieden erklingen lassen konnten. Unsere Gehirnzellen scheinen zudem einige ihrer Proteine als Antwort auf Umweltreize chemisch zu verändern, sodass die Variationsmöglichkeit unserer Zellproteine praktisch unermesslich wird. Jeder Mensch ist deshalb ein unverwechselbares molekulares Individuum. Dies gilt selbst für genetisch identische eineiige Zwillinge. Ein eineiiger Zwillingsbruder Roger Federers sähe zwar seinem berühmten Bruder ähnlich, könnte aber durchaus ein eher mittelmässiger Tennisspieler sein. Der Informationsreichtum des Genoms schenkt jedem von uns Einmaligkeit.

Der Informationsgehalt des Genoms und die Fähigkeit, diese Information verschieden zu interpretieren, bestimmen den Rang eines Lebewesens in der Hierarchie des Lebens. Ein informationsarmes, unflexibles Genom ist der Erzfeind von biologischer Freiheit und Individualität. Je mehr Information ein Genom trägt und je freier es gelesen werden kann, desto mehr Freiraum gewährt es dem reifenden Organismus für die Entwicklung seiner Einmaligkeit.

Die etwa zehntausend Milliarden funktionell vernetzten Zellen unseres Körpers tragen so viel Information, dass es vielleicht grundsätzlich unmöglich ist, die Handlungen eines Menschen präzise zu steuern oder vorherzusagen. Vielleicht braucht es für das Verständnis derart komplexer Systeme völlig neue Denkansätze. Unsere Naturgesetze gelten nur innerhalb gewisser Grenzen – viele der Gesetze, die unseren sinnlichen Erfahrungen entspringen, versagen bei extrem kleinen Dimensionen oder extrem hohen Geschwindigkeiten. Könnte es sein, dass auch extrem komplexe Systeme eigenen Regeln oder Gesetzen gehorchen?

Unser Genom ist zudem kein strenges Gesetzbuch, sondern eine Sammlung flexibler Anweisungen und Rezepte. Die Gene unseres Immunsystems tauschen spontan Teile untereinander aus, um uns eine möglichst grosse Vielfalt schützender Immunproteine zu schenken. Im reifenden Mäusegehirn wechseln kurze Genstücke spontan ihren Platz im Genom und könnten dabei die Entwicklung der Nervenzellen beeinflussen. Auch in Bakterien können Genstücke im Genom umherspringen, wenn Hitze oder Gifte die Zellen bedrohen. Die Umwelt spricht also mit Genen und kann sie verändern. Ist dieses Wechselspiel präzise gesteuert – oder ist es ein Würfelspiel? Und wenn schon die Umwelt mit unserem Genom würfelt, könnte es sein, dass auch wir dies tun, ohne es zu wissen?

Der Physiker Erwin Schrödinger hat als Erster vermutet, dass der hierarchische Aufbau lebender Materie die Zufälligkeit molekularer Würfelspiele auf ein ganzes Lebewesen übertragen und dieses unvorhersagbar machen könnte. Im Gegensatz zu einem typischen Kristall sind in lebenden Zellen die einzelnen Moleküle nicht gleichwertig, sondern Glieder straff geordneter Befehlsketten. In einigen Zellen scheinen Schlüsselglieder dieser Befehlsketten in so geringen Stückzahlen vorzuliegen, dass ihre Reaktionen mit Partnermolekülen statistisch schwanken und quantitativ nicht mehr vorhersagbar sind. Diese zufälligen Schwankungen könnten das Verhalten eines ganzen Lebewesens beeinflussen und es zumindest teilweise vom Joch genetischer Vorprogrammierung befreien.

Kann diese Befreiung uns Willensfreiheit schenken? Die Frage bleibt offen. Wir wissen noch zu wenig über unser Gehirn und unser Bewusstsein, um zu verstehen, was Willensfreiheit bedeutet.

Zufällige Fluktuationen in den Reaktionen biologischer Steuermoleküle dürften jedoch erklären, weshalb genetisch identische und unter gleichen Bedingungen aufgezogene Fadenwürmer auf Hitze verschieden reagieren und verschieden lange leben; weshalb Zellen einer genetisch homogenen Bakterienkolonie auf Gifte oder Nahrungsstoffe individuell verschieden ansprechen und weshalb genetisch identische Bakterienviren ihre Opfer auf unterschiedliche Art infizieren können. In seinem Streben nach Vielfalt lässt das Leben offenbar nichts unversucht, um eine Tyrannei der Gene zu verhindern. Was an mir ist gigantisch verstärktes molekulares Rauschen? Wie stark unterläuft dieses Rauschen meine genetische Programmierung? Manche mögen in ihm den göttlichen Atemzug verspüren. Mir erzählt es vom Wunder meines Daseins als hochkomplexe Materie in einem chemisch urtümlichen Universum.

Dank

Die meisten dieser Essays erschienen ursprünglich im Feuilletonteil der *Neuen Zürcher Zeitung*. Freunde und Kollegen aus der ganzen Welt haben über ihre Geburt gewacht und mich mit ihrem Rat davor bewahrt, den Pfad wissenschaftlicher Genauigkeit zu verlassen. Mein Dank gilt

Maik Behrens
Urs Boschung
Daniel Burgarth
Daniel Demellier
Andreas Engel
Mariacarla Gadebusch
Bruno Gottstein
Claus Kopp
Walter Kutschera
Fritz Paltauf
Jonathan Rees

Daniel Scheidegger
Ueli Schibler
Anna Seelig
Joachim Seelig
Andreas Tammann
Rüdiger Wehner
Ingomar Weiler
Uwe Justus Wenzel
Roswitha Wiltschko

Viele wertvolle Anregungen verdanke ich auch meiner Frau Merete (die mir überdies bei der Erstellung des Registers half), unseren Kindern Isabella, Peer und Kamilla, meinem Bruder Helmut sowie meiner hervorragenden und geduldigen Lektorin Alexandra Stölzle. Ganz besonders danke ich meinem Jugendfreund Heimo Brunetti, der mit breitem Wissen und feinem Sprachgefühl fast jeden Essay wesentlich verbessert und so dieses Buch mitgeschaffen hat. Ihm sei es gewidmet.

Gespräch mit einem Architekten erschien in einer leicht andern Fassung unter dem Titel *Ein Geburtsort für neue Ideen* in der Festschrift von Novartis Ltd. für den neuen Basler Forschungscampus. Ich danke Herrn Wolfdietrich Schutz (Novartis Ltd.) für die Erlaubnis, eine veränderte Version hier zu verwenden.

Viele hervorragende Wissenschaftspolitiker und Administratoren haben meine Arbeit als Forscher und Lehrer wirkungsvoll und uneigennützig unterstützt. Mein Dank an sie verbindet sich mit der Hoffnung, dass sie in den *Letzten Tagen der Wissenschaft* nicht sich, sondern jene Berufsgenossen erkennen mögen, die mich zu dieser Satire inspirierten.

Über den Autor

Gottfried Schatz wurde 1936 in Strem, einem kleinen Dorf an der österreichisch-ungarischen Grenze, geboren. Er wuchs in Graz auf und verbrachte als 16-Jähriger ein Schuljahr in den USA. Nach seinem Chemiestudium an der Universität Graz arbeitete er während mehrerer Jahre als Assistent an der Universität Wien und als Postdoktorand am Public Health Research Institute der Stadt New York. Von 1968 bis 1974 lehrte und forschte er als Professor für Biochemie an der Cornell University in Ithaca, USA. Im Jahre 1974 folgte er einem Ruf der Universität Basel an das neu gegründete Biozentrum, an dem er fünfundzwanzig Jahre lang tätig war und das er zeitweise leitete. Seine wissenschaftliche Arbeit galt vorwiegend der Arbeitsweise und der Bildung von Mitochondrien, den Kraftwerken höherer Zellen. Zusammen mit andern entdeckte er, dass diese Kraftwerke ihr eigenes Erbmaterial besitzen. Seine Entdeckungen wurden durch zahlreiche hochrangige Preise und mehrere Ehrendoktorate ausgezeichnet. Nach seiner Emeritierung präsidierte er für vier Jahre den Schweizerischen Wissenschafts- und Technologierat. Während seines Chemiestudiums war er auch als Geiger im Grazer Philharmonischen Orchester und an österreichischen Opernhäusern tätig. Seine dänische Frau und er haben drei Kinder.

Register